뇌를 깨우는
아침 공부의 기적

행동 패턴 체크표(기상/취침 시간 기록), 스케줄표, 체크리스트 양식은 한빛라이프 자료실에 있습니다. 3가지 표를 내려받아 활용해 보세요.
자료실 | https://www.hanbit.co.kr/src/5420

뇌를 깨우는 아침 공부의 기적

: 등교 전 1시간에 주목하라

초판 발행 2024년 1월 11일
2쇄 발행 2024년 2월 1일

지은이 김민주(미쉘) / **펴낸이** 김태헌
총괄 임규근 / **책임편집** 권형숙 / **진행·교정교열** 김소영 / **편집** 김희정, 윤채선, 박은경 / **디자인** 알레프
영업 문윤식, 조유미 / **마케팅** 신우섭, 손희정, 김지선, 박수미 / **제작** 박성우, 김정우

펴낸곳 한빛라이프 / **주소** 서울시 서대문구 연희로2길 62
전화 02-336-7129 / **팩스** 02-325-6300
등록 2013년 11월 14일 제25100-2017-000059호 / **ISBN** 979-11-93080-20-7 13590

한빛라이프는 한빛미디어(주)의 실용 브랜드로 우리의 일상을 환히 비추는 책을 펴냅니다.

이 책에 대한 의견이나 오탈자 및 잘못된 내용에 대한 수정 정보는 한빛미디어(주) 홈페이지나 아래 이메일로 알려주십시오. 잘못된 책은 구입하신 서점에서 교환해드립니다. 책값은 뒤표지에 표시되어 있습니다.
한빛미디어 홈페이지 www.hanbit.co.kr / **이메일** ask_life@hanbit.co.kr
한빛라이프 포스트 post.naver.com/hanbitstory / **인스타그램** @hanbit.pub

Published by HANBIT Media, Inc. Printed in Korea

지금 하지 않으면 할 수 없는 일이 있습니다.
책으로 펴내고 싶은 아이디어나 원고를 이메일로(writer@hanbit.co.kr)로 보내주세요.
한빛라이프는 여러분의 소중한 경험과 지식을 기다리고 있습니다.

뇌를 깨우는 아침 공부의 기적

✦ 등교 전 1시간에 주목하라 ✦

〈미쉘TV〉 김민주 지음

HB 한빛라이프

아무것도 하지 않으면 의심과 두려움이 생긴다.

하지만 행동하면 자신감과 용기가 생긴다.

Inaction breeds doubt and fear.

Action breeds confidence and courage.

– 데일 카네기Dale Carnegie

여는 글

나와 아이의 시간을 되찾고 싶었습니다

"바쁘다고요? 이상하네. 난 나만 그런 줄 알았지."

– 할 엘로드Hal Elrod, 《미라클 모닝》 저자

'왜 이렇게 항상 바쁘지?'

엄마가 되기 전에는 몰랐습니다. 결혼과 출산으로 내 인생에 얼마나 큰 변화가 일어나고, 무거운 책임과 막중한 의무가 주어지는지를요. 한없이 부족하고 어른이 덜된 내가 또 다른 인간을 잘 키워야 한다는 막중한 임무를 자청했다는 것을요. 사전에 아무런 교육도 없이 말이죠. 부모가 된다는 것은 아이를 사랑하고 보살피는 것으로 끝나지 않습니다. 아이에게 본보기가 되어야 하죠. 독일 작가가 쓴 책 《부모가 된다는 것》에 "부모가 된다는 것은 철학적 모험이고 아이를 낳으면 부모도 다시 태어나는 것이다"라는 말이 나옵니다. 저는 이 말이 무척 와닿았어요. 우리가 어떤 유년 시절을 보냈든, 부모가 된 이상 다시 태어나는 것일지도 모르겠습니다. 어쩌면 더 잘 살 수 있는 인생의 두 번째 기회일 수도 있고요. 이 점이 새삼 반갑습니다. 심리학자 알프레드 아들러는 '인간은 자기가 스스로를 어떻게 지각하느냐에 따라 행동하는 존재다'라고 정의합니다. 마음만 먹는다면 우리는 변화를 꾀할 수 있습니다. 당대에 통용되는 해묵은 관습을 버리고, 진보적인 가치관을 설립해 나갈 수 있지요.

저는 변화를 꿈꿨습니다. 좋은 사람, 좋은 부모가 되고 싶었어요. 모든 발전의 과정은 이 마음 때문이었어요. 처음에는 마음처럼 쉽지는 않았죠. 생활 방식을 바꿔야 했고, 배워야 할 것들도 많았습니다. 아이도 열심히 관찰하며 파악해야 했지만, 나에 대해 고민하고, 나를 더 탐구하는 데 많은 시간을 할애했습니다. '나는 왜 이런 생각을 하는 걸까?', '나의 태도는 왜 이런 걸까?' 등등요.

조급증과 불안함에 잠식되어 지낸 날이 많았습니다. 열심히 살려고 부단히 노력하는데, 같은 자리만 맴도는 것 같은 기분을 느꼈거든요. 혼자만 뒤처지는 것 같고, 아이들에게 뭔가 크게 잘못하고 있는 것 같아서 마음이 괴로웠어요. 누구나 그런 기분이 들 수 있다고 위로도 해보았지만 답답한 마음은 쉽게 해소되지 않았어요. 이때 동기부여 전문가 할 엘로드가 쓴 《미라클 모닝》을 만났습니다. 이 책을 통해 시간에 대해 엄청난 인사이트를 얻었어요. 아침마다 등교 전쟁을 치르기 싫었고, 엄마이기 전에 아직 하고픈 게 많은 사람이라는 걸 다시 한 번 깨달았습니다. 그러니 시간은 내 편이어야 했지요.

이 책은 '어쩌다 보니 엄마'가 되어 이런저런 시행착오를 겪으며, '아침 시작이 중요하구나!', '시간을 제대로 써야 하는구나'를 깨닫는 과정에서 고민하고 시도해 본 경험담입니다. '마음이 힘들었던 시기에 이런 조언을 해주는 누군가가 내 옆에 있었으면 참 좋았겠다'라는 생각에 용기를 내어 집필을 결심했습니다.

"나를 따르라! 성공할지니!" 이런 의도는 결코 아니에요. 당시에는 생각지 못했지만, 시간이 지나며 자연스럽게 깨달은 것들을 공유하고 싶었어요. 완벽하게 매일 달성한 결과에 대한 보고서가 아니라 현실적으로 실천할 수 있는 습관과 환경 시스템, 용기와 태도에 대한 경험담을 나누고 싶었습니다.

아이도, 엄마도 함께 성장하게 도와준 작은 실천이 모여 습관으로 자리 잡히고, 매일이 모여 일주일, 1달, 1년, 그렇게 5년이 지났어요. 초등학교 3학년이던 첫째 아이가 어느덧 중학생이 되었습니다. 처음부터 어떻게 할 것이란 큰 목표를 잡았다기보다 '이런 습관을 가지려 노력하면 어떤 결과가 나올까?'라는 호기심에 시작했어요. 미라클 모닝을 통해 바라던 일을 하나둘 달성했지만 지금도 여전히 노력 중입니다. 저와 아이의 경험을 통해 좋은 자극과 동기부여를 얻으시길 바라며, 소소한 실천 아이디어를 통해 시작해 볼 만하다고 여기셨으면 좋겠습니다. 또한 조금이라도 시행착오를 덜 겪으시길 바랍니다.

요즘 전 유튜브 〈미쉘TV〉, 네이버 카페 〈미자모〉, 개인 사업, 두 아이 돌봄, 집안 살림, 투자, 독서 그리고 글쓰기를 하며 바쁜 나날을 보내고 있습니다. 이 책이 출간될 즈음엔 어떻게 바뀔지 모르겠지만, 무슨 일을 하든 하고자 하는 일에 몰입하고 열정적으로 어떠한 형태로든 행하며 살고 있을 것 같아요.

혹시 '행동 감염'이란 말을 들어보신 적이 있나요? 열정적인 행동을 하는 사람은 주변 사람들에게 영향을 미치고 그들도 열정적인 행동을 하게 만든다고 해요. 열정적으로 일하는 동료나 친구, 부모와 이웃을 보며 자신도 열심히 해보고 싶다는 영향을 받고, 이는 사회적으로 전파될 수 있다고 합니다. 이 책이 독자들에게 긍정적인 자극이 되어 더 나은 행동을 추구하는 데 한 걸음 더 나아갈 수 있길 바랍니다. 인간은 본능적으로 성장과 발전을 갈망하잖아요? 우리의 본능을 믿고 함께 철학적인 모험을 떠나봅시다.

차례

Chapter 2

가족과 함께하는 아침 공부

Chapter 3
아침 공부는 환경이 중요합니다

Chapter 4

아이주도 5단계 아침 공부법

Chapter 1

초중고 12년, 미라클 모닝은 필수

당신이 상상하거나 믿는다면

어떤 것이든 이룰 수 있다.

Whatever the mind can conceive and believe, it can achieve.

– 나폴레온 힐Napoleon Hil

일찍 일어난 새가 벌레를 잡는다

하고 싶은 일과 해야 하는 일 사이에서 시간에 허덕이는 기분에 잠식되어 힘들어하던 시기가 있었습니다. 열심히 하는데도 나아지는 게 없는 정체기처럼 느껴졌어요. 둘째 아이가 태어나고 혼란스러운 상황이 더 많아져 그렇게 느꼈던 것 같아요. 자녀가 한 명이었을 때 느끼지 못했던 일들이 연출되면서 내 몸이 여럿이었으면 좋겠다는 생각을 간절히 하게 되었지요.

악착같이 유학 생활하며 공부했던 시간, 커리어를 쌓으려 부단히 노력했던 시간, MBA를 다니며 넓혀놓은 인맥, 졸업

후 해외 시장을 누빌 수 있는 꿈 같던 직장을 '엄마'라는 직책을 맡으며 모두 내려놓게 되었어요. 새로운 직책에 대한 의무감으로 인해 엄마가 된 기쁨을 제대로 만끽하지 못했어요. 그간 열심히 쌓아놓은 커리어를 하루아침에 '나만' 포기해야 하는 상황에 억울한 감정도 폭발했습니다. 이런 감정으로 꽤 오랜 시간을 보내고 나니, 남은 건 '자기혐오'와 '자기연민에 빠져 사는 나'밖에 없었지요.

미라클 모닝을 실천할 수 없는
오만가지 이유

초등학교 입학을 앞둔 첫째 아이와 막 8개월이 지난 둘째 아이를 아침부터 밤늦게까지 혼자 돌봐야 했어요. 남편은 존재하지만, 부재중이었죠. 주중에는 매일 새벽에 나가 밤늦게 귀가했고, 주말에는 아이와의 시간도 보내고 종종 출근도 해야 했어요. 남편 역시 녹록지 않은 생활이었지요. 저희 부부는 결혼 후에도 같은 회사를 다녔습니다. 퇴근 시간이 늦어 아이 얼굴을 거의 보지 못하는 날이 많았어요. 남편과 저는 둘 중 한 사람은 회사를 그만두어야 한다는 결론을 내리게 되었어요. 제가 아이들의 주양육자가 되었습니다. 두 아이를 혼자 돌보는 일은 쉽지 않았기에, 가족과 함께할 시간을 도통 주지 않는 회사를 원망했어요. 남편의 부재를 머리로는 이해했지만, 마음 한구석에 불만은 켜켜이 쌓여갔습니다. 첫째 아이가 초등학교에 입학할 무렵에는 걱정과 자책감이 더 커졌습니다. 아이도, 저도 아무런 준비가 되어있지 않았거든요. 준비가 안 된 아이를 학교에 보내려니 불안감이 엄습해왔죠. 이즈음 우연히 《미라클 모닝》을 읽게 되었습니다. 책을 읽는 내내 망치로 머리를 세게 맞은 기분이 들더군요. '주저앉아 푸념만 할 것인가, 앞으로 나아갈 것인가'를 한참 고민했습니다. 저는 걱정과 후회, 자책감은 던져버리고 후자를 선택했습니다. 어쩌면 책을 읽으며 답을 내렸는지도 몰라요. 그때부터 엉망이 된 내 생활을 어떻게 개선할까를 고민했고, '아침 시간 활용'에 대해 서서히 눈을 떴습니다. '엄마는 강해야지!', '내가 잘해야지!' 이런 생각을 하면서요.

《미라클 모닝》에서는 개인의 일과 삶을 개선하기 위해 여섯 가지 습관으로 하루를 시작하길 권합니다. 일명 "라이프 세이버 Life S.A.V.E.R.S."라고 이름 붙인 여섯 가지 습관은 명상(침묵)Silence, 자신감을 심어 주는 긍정적인 자기 대화와 확언Affirmations, 이상적인 미래를 상상하고 목표 설정하기Visualization, 몸을 활기차게 하기 위한 아침 운동Exercise, 삶을 변화시키는 가장 빠른 길인 독서Reading, 기록하기Scribing입니다. 미라클 모닝을 실천했을 때의 장점은 짐작하시겠지만, 생산성과 동기부여 증가, 정신적 건강 개선, 명확함과 집중력 증대, 신체 건강 개선, 자기 인식 증대입니다.

하지만 책을 읽고도 '아침 시간이 답이구나!'를 깨닫기만 했을 뿐, 당시에는 제대로 실천하지는 않았음을 이실직고합니다. 몇 번 시도는 했지만, 며칠 안 지나 다시 원래 생활 패턴으로 돌아오곤 했어요.

《미라클 모닝》에 나오는 주옥같은 여섯 가지 습관에 대해 불가능한 이유만을 잔뜩 늘어놓기 바빴어요. 이 책은 자녀를 키우는 사람에겐 적용되지도, 적용할 수도 없는 방법이라고요. 그러면서 나처럼 독박육아 하는 엄마에겐 실천 불가능하다며 선을 그었죠.

'긍정적인 자기 대화와 확언을 하면 뭐합니까, 목표를 설정하면 뭐합니까, 하루의 일과는 변화가 없는데! 아침 운동은 무슨! 잠이나 푹 자고프다! 모유 수유로 잠이 부족해서 일어나 지도 못하겠구먼! 삶을 변화시키는 데 독서가 필요하다고? 누가 책 읽기 싫어 안 읽나! 시간이 정말 부족하다고! 기록하라고? 그 시간에 아이 책이라도 한 권 더 읽어주지!'

마음에 가시가 사방으로 뻗어있다 보니 조언의 말을 뾰족하게 받아치기 바빴어요. 밀려오는 억울함과 죄책감을 떨쳐내느라 실천할 수 없는 오만가지 이유와 핑계를 대며 제 행동을 방어한 셈이죠. 아이가 태어나고 가족의 형태가 바뀌어도 남편의 생활 패턴은 큰 변화가 없는데, 저만 180도 바뀐 탓에 억울함에 도취하여 부정적인 생각을 무럭무럭 키워나갔어요.

"아들만 낳으면 우리 가문의 대를 잇는 손주이니 내가 봐주마"라고 장담하시던 시어머님은 10년 내내 봐주실 듯 말 듯 약속과 취소를 번복하셨어요. 첫째 아이가 4살이 되었을 때는 정말 봐주실 것처럼 말씀하셔서 서울 외곽에 위치한 큰 평수로 세 가족이 이사도 했지요. 돌이켜 생각해 보니 타인의 약속을 믿고 인생의 중요한 결정을 한 행동이 참으로 어렸던 것 같아요. 그 기다림의 세월 동안 감정 소모 드라마를 장편으로 찍고 나서야 결국 체념했습니다. '원래 엄마가 직접 아이를 키우는 게 맞지! 누구에게 기대! 기대길!' 이런 생각을 하면서요.

'다른 이에게 기대지 말고, 내가 강해지자!' 이렇게 마음을 먹고 나서도 실천을 못 한 이유가 무엇이었을까를 생각해 보면, 크게 두 가지 이유를 들 수 있어요. 첫 번째는 마음이 부정적 감정으로 가득해 변화를 적극적으로 실천하지 않았어요. 두 번째는 이보다 훨씬 중요한 이유인데, 방법론에 큰 허점이 있었어요. 바로 '잠'의 중요성을 간과했던 것이죠. 잠이 부족하니 부정적인 생각이 마음을 더 어지럽히고, 피로가 풀리지 않으니 하루가 만족스럽지 않았던 거예요.

어찌 보면 당연한 건데 이 점을 간과했더라고요. 전날 일과는 기존과 비슷한데 알람 시계만 새벽 시간에 맞추어 일어나려고 하니 잘될 리가 없지요. 의지만으로는 부족했던 거예요. 수면 시간이 부족해서 못 일어나는 것뿐인데, 울려대는 알람 시계를 꺼버리고는 의지 부족이라 자책하고, 또 비슷한 하루를 보냈어요.

지금은 충분히 깨달았습니다. 원리는 매우 간단해요. 아침에 못 일어나는 것은 전날 잠을 충분히 못 자서 그런 거예요. 이 원리를 깨달은 후에는 잠을 잘 자려 노력했어요. 상쾌함을 느끼며 일어나는 내 모습을 상상하면서요.

저의 아침 습관 성공 비법 한 가지를 꼽으라 하면, 단연코 '충분한 숙면'이라 외칩니다. 충분하게 잠을 자고 일어나는 시스템을 만들었어야 했는데, 자꾸 의지로 가능할 것처럼 자신을 과대평가해서 실패를 거듭했던 거예요. "일찍 일어나려면 일찍 자야 한다." 이것이 미라클 모닝의 핵심입니다.

변화하는 나를 마주하는 시간, 결국 아침

돌이켜 생각해 보니 첫째 아이에게 나이에 맞지 않은 성숙함을 요구했던 것 같아요. 상대적으로 손이 더 가는 둘째 아이를 돌보느라 첫째 아이를 제대로 신경 써주지 못했어요. 심지어 초등학교 1학년 아이 등교도 배웅 못 한 적이 있으니까요. 그땐 '어쩔 수 없어서'라는 말을 입에 달고 살았고, 하루를 겨우 살아내는 기분으로 매일을 견뎠어요. 점점 '이게 아닌데… 이러면 안 되는데…'라는 생각은 들었지만, 뾰족한 해결 방안이 안 떠오르더라고요.

아이의 초등학교 1학년을 엉망진창으로 흘려보냈고, 2학년 또한 크게 다르지 않았습니다. 물론 아무것도 안 봐준 것은 아니었지만, 생각했던 만큼 아이에게 시간 투자를 못 해주어 충분하지 않다는 생각에 자책감도 들었지요.

아이가 2학년 2학기쯤 번뜩 정신이 들더라고요. 이 상태로 지냈을 때 우리 아이의 초등 시기가 어떻게 될지 상상해 보았어요. 등교도 겨우 하고, 부모가 숙제도, 공부도 제대로 못 봐주어 아이가 혼자 성장하는 모습을요. 첫째 역시 엄마의 손길과 관심이 필요한 어린아이일 뿐인데, 둘째 육아와 살림이 바쁘다는 이유로 너무 신경을 안 써준 거죠. 첫째 입장이 되어 생각해 보니 너무 억울할 것 같았어요.

부모의 관심 부족도 걱정이지만, 학업적인 면에서도 우려가 되었습니다. 저희 부부는 당시에 여러 가지 사정으로 공부 관련 교육에 투자할 생각이 없었어요. 그런데 지금 이대로라면 죽도 밥도 안 되겠더라고요. 아이의 학업에 대한 걱정과 괴로움이 점점 커졌죠. 저는 다른 과목보다 국어와 영어가 중요하다고 생각했어요. 국어를 위해 독서를 중요시했고, '영어 노출만큼은 환경 조성을 잘해줘야지!'라고 생각했지만, 이 또한 흡족한 수준의 인풋을 해줄 수 없었어요. 항상 핑계는 벅찬 둘째 육아와 살림 때문이었죠.

이런 생각들을 떨쳐버리고 싶었어요. 변화를 꿈꾸며 자기관리나 자기계발서와 선배 맘들이 쓴 육아서를 다시 읽으며 적용할 수 있는 부분을 정리하기 시작했어요. 자기계발서를 쓴 저자는 대부분 육아와 결합한 지침을 안내하지 않기 때문에 실제 100퍼센트 적용할 순 없었지만, 방향을 잡는 데는 큰 도움이 되었어요.

《아침형 인간》이나 《미라클 모닝》을 여러 번 읽으며 육아와 함께 실천 가능한 방법을 모색했어요. 더 이상 아이를 방치할 수 없다는 절박함과 '야무지게 잘 키워야겠어!'라는 다짐과 함께요. 첫 번째로 해야 할 일은 '핑계 그만 대기'였어요. 어쩔 수 없다는 핑계를 머릿속에서 지우고, '일단 일어나 보자!'를 머릿속에 띄웠습니다. Just Do It!

'뭐라도 되겠지'라는 막연한 희망의 씨앗

처음부터 거창한 목표를 세우지 않았습니다. 일단 일찍 일어나기로 했어요. '미라클 모닝이란 용어처럼, 얼마나 미라클한지 한번 해보자!' 이런 심보도 조금 있었어요.

새벽에 일어나니 잠잠하고 고요한 적막이 마음을 편안하게 해주었습니다. 내 생각을 방해하는 어떤 것도 없다는 점에 매료되었어요. '새벽에 일어나기만 하자'였던 목표가 이 시간을 무엇으로 채우면 좋을지라는 생각으로 변해갔어요. 어느 날은 일기도 써보고, 어떤 날은 책도 읽어보고, 아이 교과서나 교재를 살펴보기도 했어요. 이렇게 차분히 생각할 시간을 가져본 건 출산 이후 너무 오랜만이었어요. 일찍 일어나 이것저것을 해보며 내 생각을 하나둘 글로 나열해 보았습니다.

- 내가 걱정하는 것, 두려운 것, 나를 가로막는 것이 무엇일까?
- 초등학생인 첫째의 교육과 과목별 로드맵은 어떻게 짜야 할까?
- 생활 습관과 시스템 구축을 위해 어떤 노력을 해야 할까?

- 영어 환경은 어떻게 조성하지? 마치 우리 집이 미국에 있는 것처럼 하려면 어떻게 해야 하지?
- 아이들이 중학교 입학할 즈음엔 시간적 여유가 더 많아진다던데, 그 때 난 뭐해 먹고 살지?
- 노후 대책은 어떻게 하지?
- 내가 좋아하는 것, 잘하는 것, 하기 싫어하는 것, 할 수 있는 건 뭐지?
- 언제 가장 큰 보람을 느끼지?
- 하루 중 육아와 살림 외에 어느 정도 시간 확보가 가능한가?
- 두 아이의 엄마인데 혹시 편애하는 행동을 하는 건 아닌가?
- 외동처럼 성장하던 첫째가 둘째의 등장으로 혹시 마음의 상처가 있는 건 아닐까?
- 둘째가 어린이집에 있는 시간은 어느 정도가 적절하지?

하나둘 떠오르는 질문에 대한 답을 차근차근하다 보니 앞으로 어떤 행보를 선택해야 할지 길이 보였어요. 내면의 나와 만나는 시간 동안 억울하고 사람들에게서 상처받은 마음도 치유되는 기분이었고, 자기혐오와 죄책감에서도 조금 자유로워졌어요. 나와 주변 사람들에게 조금 너그러워진 마음이 들기도 했고요. 드디어 저도 아침이 주는 선물을 받아들일 수 있게 된 거죠.

● MISSION ● **지금 내 생각 써보기**

- 지금 여러분의 고민은 무엇인가요? 꺼내놓지 못한 마음을 적어 보세요.

불만도 사라지게 하는 아침의 힘

매일 아침 일찍 일어나면서 나에게 필요한 게 무엇이고, 내가 원하는 게 무엇인지 하나둘 살펴볼 수 있었어요. 스스로에게 질문하고 답을 찾아가면서 일상에 생기가 생겼어요. 긍정적으로 변하는 내 모습을 보며 저만큼이나 변화가 필요한 첫째 아이가 생각났습니다. 동생이 태어나면서 갑자기 혼자 덩그러니 방치된 상황에 적응하느라 무척 힘들었을 테고, 아마도 아이 마음속에는 해소되지 못한 욕구로 가득했을 거예요. 저는 아침 시간에 소중한 첫째 아이의 마음을 들여다보기로 했습니다.

대화를 통해 아이의 마음을 알 수 있었습니다. 아이는 엄마와 단둘이 있는 시간이 없다는 점을 매우 아쉬워하고 서운해했어요. 실제로 공부를 봐주거나 책을 읽어주더라도, 둘째가 낮잠을 자고 있을 때만 가능했거든요. 첫째에게만 오롯이 관심을 줄 수 없는 상황이었어요. 이러한 상황이 쌓이면서 첫째의 불만 또한 나날이 커졌던 거죠. 마음이 너무 안 좋더라고요. 엄마에게 바라는 점이 자기하고만 있어 달라는 것이라니…. 아이는 오직 엄마의 관심을 필요로 했습니다. 고민 끝에 내린 결정은 바로 이것이었어요. '둘째가 잠들어 있는 아침 시간만이 답이겠구나. 아침 시간을 활용해 보자!'

아이와 단둘이 아침 데이트

첫째 아이가 초등학교 2학년 2학기 무렵부터 아침 시간을 활용해 단둘이 있는 시간을 만들기로 했습니다. 이 시간에 수다든, 공부든, 독서든, 뭐든 하자고 아이와 합의를 봤지요. 즉 둘째 아이가 깊게 잠든 시간, 아무도 모자 사이에 끼어들 수 없는 아침 시간을 백번 활용하자는 취지였지요. 아이도 하교 후에는 피아노, 수영, 축구, 태권도 등 다양한 예체능 활동을 하다 보니 귀가 시간이 늦었고, 저녁을 먹고 나면 금세 자야 했기에 둘이 무언가를 하기가 어려웠어요. 저녁 시간에는 밀린 집안일과 둘째를 보느라 첫째를 봐줄 시간이 없었지요. 그래서 아이는 혼자서 무언가를 할 수밖에 없었죠.

아침을 함께 보내자고 했지만 '공부를 하자', '독서를 하자' 등의 뚜렷하거나 거창한 목표를 세우지 않았어요. 소꿉장난하듯, 작당모의하듯, 마치 데이트를 하는 것처럼 함께 시간을 보내자는 취지로 시작했습니다. 밑져야 본전이란 생각으로 아이에게 어떤 변화가 생길지, 어떤 영향이 미치는지 궁금하기도 했고요.

아침 데이트 첫날 아이와 '아침 시간에 뭘 하면 좋을까?'라는 주제로 대화를 했어요. 여러 이야기 끝에 하교 후 마음 편히 놀기 위해, 학습에 도움이 되는 활동을 하자는 결론에 닿았어요. 저 역시 고요하고 차분한 아침 시간이라서 좀 더 아이에게 집중할 수 있었고, 학습 면에서도 도움을 줄 수 있어 탁월한 선택이라 생각했죠.

그때 아이와 대화 원칙을 세웠어요. 아이에게 일방적으로 질문하고 대답을 요구하는 대화가 아니라, 진짜 '소통'을 하는 대화를 해야겠다고요. 소통이란 서로의 생각을 주거니 받거니 하는 것이 포인트니까요. 새벽 시간을 오롯이 혼자 맞이한 첫날 느꼈던 감정을 말해주었고, 아이의 질문에 대한 제 생각도 들려주었어요. 엄마의 아침 계획도 자세히 이야기해주며 아이의 생각을 물었어요. 저는 아침 시간을 아이를 공부시키는 시간이 아닌, 아이와 제가 발전하는 시간으로 접근했습니다.

첫째와의 대화에서 저 역시 많은 깨달음을 얻었어요. 아이로부터 배운 거죠. 소통의 중요성을 실감하는 시간이기도 했습니다. 그래서 무언가를 결정할 때마다 아이와 상의하는 것이 당연시되었어요. 의도하진 않았지만, 이 과정을 통해 아이는 자연스럽게 자신의 의견을 말하는 연습을 많이 하게 된 것 같아요.

처음에는 30분 정도 아침 시간을 함께했는데, 그 시간이 1시간으로, 1시간이 2시간으로 늘어났어요. 실질적인 학습 습관 잡기는 초2 겨울방학, 예비 초3이 되면서 제대로 시작했습니다.

저 또한 이 시간을 통해 자기 발전을 할 수 있었어요. 혼자서 작업했을 때보다 아이와 함께하는 아침 시간에 작업을 더 효율적으로 진행하며 능률을 높일 수 있었습니다. 거의 모든 창작 아이디어는 이 시간에 탄생했다고 해도 과언이 아니에요. 아이도 엄마가 노력하는 모습과 발전하는 과정을 지켜봤고, 저는 아이를 더 깊이 관찰하고, 아이가 성장하는 모습을 볼 수 있었어요.

1년간 이어진
아침 공부 라이브 방송

초4 겨울방학 때 〈MMStudy〉라는 유튜브 채널을 만들었습니다. 〈MMStudy〉는 'Study with Me' 콘셉트로 아이와 함께하는 아침 공부 시간을 라이브 방송으로 담은 채널이에요. 동기부여가 필요하거나 발전하고 싶어 하는 아이들과 함께 공부한다는 생각으로 시작했습니다. 겨울방학 때만 해보자고 시작했던 라이브 방송을 무려 1년 동안 진행했어요.

아침 공부는 대략 새벽 6시경 시작해서 8시까지 진행을 했어요. 방학 때는 아침 공부뿐 아니라 오후 독서 시간에도 'Read with Me'라는 콘셉트로 라이브 방송을 송출하곤 했어요. 책 추천을 하고픈 마음도 있고 '지금 이 시간, 같이 책 읽자!'라는 제안을 하는 기분으로요.

아침 시간을 함께 보낼 때는 몰랐는데, 업로드된 영상을 다시 시청해 보니, 아이가 공부만 했다기보단 저와 오순도순 수다를 떨며 그 시간을 즐기는 듯한 기운이 느껴지더라고요. 실제 그랬거든요. 계획했던 목표를 달성하기 위해 마구 달렸다기보다는 오히려 그 시간을 즐겼다는 표현이 더 맞는 것 같아요. 계획을 모두 달성하지 못했더라도 '어쨌든 아침 시간을 이용해서 노력했으니까 난 멋진 사람'이라는 자부심과 소소한 성공을 매일 맛보는 경험을 했어요. 그 과정에서 아이도 저도 보람과 흐뭇함을 느꼈지요.

아침형 인간 vs. 저녁형 인간

제가 애초부터 아침형 인간이라고 오해하시는 분이 계실 수 있는데요, 이는 사실이 아닙니다. 아침형 인간과 저녁형 인간 둘다 생활해 본 경험에 비추어 보면, 저는 저녁형 인간에 더 가까워요. 밤에 노는 게 더 재미있어요. 고요한 밤, 홀로 뭔가 끄적일 때 느끼는 감수성 그 자체가 매력적으로 다가와요. 많은 음악가나 작가, 프로그래머가 저녁형 인간이라고 할 수 있어요.

유년 시절을 회상하건대 중·고등학생 때엔 아침형 인간에 가까운 삶을 살았어요. 모두 그럴 테지만 우리의 의도나

의지와는 상관없이 등교 시간이 매우 이르잖아요. 저는 학교 수업 시작 전 수영 활동이 있어서 더욱 일찍 등교해야 했어요. 학창 시절에 본의 아니게 아침형 인간으로 생활했지만, 대학생이 된 후 저녁형 인간으로 바뀌게 되었지요. 프로젝트나 시험공부 등을 위해 밤잠 안 자고 열중한 적도 많고, 밤새워 노느라 바쁘기도 했죠. 회사에 다니면서는 어쩔 수 없이 아침형 인간으로 바뀌었지요. 생활 방식이 아침형 인간으로 자리를 잡았나 싶었지만, 주말엔 늦잠 자기 일쑤였어요.

여러분도 자라며 둘 다 경험을 해보셨을 거라 짐작해 봅니다. 어떤 생활 방식이 더 적성에 맞나요? 지금 내가 아침형 인간인지, 저녁형 인간인지는 중요하지 않아요. 왜냐하면 우리 아이들을 위해서는 우리가 먼저 아침형 인간으로 생활해야 하기 때문이에요.

아이는 아침형,
엄마는 저녁형

아이를 낳고 육아를 하며, 특히 모유 수유를 병행하다 보니 밤에 깨어있는 시간이 많았어요. 그럴 때면 육아에 열중한 나머지 나 자신에게 소홀한 것 같아 전투적으로 책을 읽고 서평을 쓰며 지친 마음을 달랬습니다. 아이들이 모두 잠들고 혼자 있는 그 시간이 너무나도 달콤한 휴식 같았지요. 오롯이 누릴 수 있는 나만의 시간. 그러다 보니 어느새 아침에는 겨우겨우 일어나는 사람, 일어나도 좀비처럼 어리바리한 사람이 되어있었어요. 재미있는 사실은 나만의 저녁 시간을 확보하기 위해 아이들을 무조건 '일찍 재우기 프로젝트'를 진행하다 보니, 아이들은 아침형 인간으로 성장했다는 거예요. 엄마는 새벽에 잠이 드니 아침에 눈 뜨는 것이 곤욕스러웠지만, 아이들은 저녁 8시 전에 잠자리에 드니 새벽 6~7시가 되면 자동으로 일어나 엄마를 찾는 상황이 되었던 거죠.

미국수면재단National Sleep Foundation 발표를 보면 6~13세 사이의 아이들은 9~11시간 정도의 수면이 필요하다고 합니다. 아이의 생활 습관과 환경, 건강 상태에 따라 조금씩 차이가 있을 수 있지만, 권장하는 시간이 생각보다 길더라고요. 저는 '어려서 잘 자야 키가 큰다'라는 단순한 논리로 아이들만큼은 충분한 수면 시간을 지킬 수 있도록 노력했어요. 하지만 정작 저의 수면 시간과 수면 패턴은 엉망이었죠.

불규칙적인 생활 방식의 문제점은 아이가 학교에 입학하

면서 수면 위로 올라왔어요. 아이는 일찍 일어나는데 엄마가 걸핏하면 늦잠을 자니, 종종 전쟁 같은 아침 시간을 맞기도 했습니다. 아침밥은 먹여서 보내야 하는데, 제가 준비가 안 되었으니 말이죠. 저희 아이들은 저에게 새까맣게 속은 거예요. 아이들을 일찍 재우기 위해 다 같이 누워서 저 역시 자는 척을 했지만, 아이들이 잠들자마자 다시 일어났거든요. 아이들은 엄마도 함께 일찍 잠들었을 거라 생각했을 텐데, 아침에 일어나지 못하는 엄마를 보며 '엄마는 아침잠이 참 많아. 항상 피곤해'라고 생각했겠죠. 어느 날 육아서를 보는데, 아이들은 점점 불만이 쌓아갔을 수도 있고, 엄마의 피곤함과 힘듦이 자기 때문이라며 자책했을 수도 있겠다는 생각이 들었어요. 그때 저는 "피곤해, 힘들어"와 같은 말을 입에 달고 살았거든요. 물론 밀린 집안일을 아이들을 재워놓고 할 때도 많았지만, 보상 심리가 작동되다 보니 철부지 엄마는 그저 아이들이 잠든 밤에 나만의 활동을 하며 노는 것을 기다렸고, 그 시간만이 나를 돌아보고 발전하는 유일한 시간이라 여겼지요.

부모는 허구한 날 늦잠 자고 불규칙한 생활을 하는데 아이에게는 바른 습관, 규칙적인 생활을 하라고 말하는 건 너무

모순이잖아요. 저는 아이들을 워낙 일찍 재우는 데에 달인이었기 때문에 아이들의 생활 습관 변화는 불필요했어요. 엄마인 저만 변하면 되었죠. 그래서 생각을 바꿔보기로 했습니다. 나만의 꿀잼 시간을 밤이 아니라 아침으로 바꾸기로요. 또 혼자가 아니라 엄마와의 오붓한 시간을 갈망하는 첫째 아이와 함께하는 것으로요.

아침 기상은
선택 아닌 필수

아직도 아침형 인간 또는 저녁형 인간으로 생활하는 게 선택사항이라고 생각하세요? 몇 해에 걸쳐 미라클 모닝을 실천하며 얻은 결론은, 부모와 아이 모두 태생적으로 아침형 인간이냐, 저녁형 인간이냐 같은 논쟁은 필요없다는 거예요.

이건 선택의 문제가 아니에요. 왜냐하면 우리가 학교 시스템을 바꿀 수 없잖아요. 부모나 아이가 제아무리 저녁형 인간이라 할지라도 학교는 제시간에 가야 하니까요. 학업 성적은 둘째치고, 학교에서 요구하는 등교 시간은 지켜야죠. 결국 나와 아이의 생활 패턴을 바꿀 수밖에 없습니다.

부모와 아이, 둘 다 저녁형 인간이라서 아침마다 전쟁을 치르고 계신다면 분명히 말씀드릴게요. 아이들이 학교를 다니는 기간은 초등학교 6년, 중학교 3년, 고등학교 3년 총 12년이에요. 그 기간 동안 공부도 하고, 독서도 하고, 도란도란 대화를 나누며 여유로운 아침 식사를 즐긴 후 등교하기를 원한다면 아침형 인간으로서의 삶을 추천합니다. 분명 여유로운 집안 분위기를 체감하실 거예요.

자, 이제 숙명으로 받아들이셨습니까? 아침 기상은 선택이 아닌 필수라는 걸요. 적어도 아이들이 학교를 다니는 기간에는요.

● MISSION ● 우리 집 아침과 저녁 생활 방식 적어보기

- 현재 어떤 라이프 스타일을 갖고 있나요? 아침 시간과 저녁 시간을 각각 작성해 보세요.
- 그럼 앞으로 어떻게 바꾸고 싶은가요?
- 바뀐 내가 그 시간에 무얼 하고 있는지 상상하며 적어보세요.

아이는 부모 모두를 보며 성장한다

아이와 대화하고 설득하기 전에 먼저 짚고 넘어가야 할 게 있어요. 바로 부부가 동일한 교육 철학을 갖는 것입니다. 적어도 자녀가 유아에서 학생 신분으로 변하면서부터 부부는 서로 충분한 대화를 통해 일관된 교육 철학을 세우는 것이 가족의 조화를 이루고 자녀의 성장과 발전을 지원하는 데 중요합니다. 교육뿐 아니라 생활 태도나 습관도 마찬가지고요.

예를 들어, 한 가정에서 저녁 식사에 대한 생각이 다른 부부가 있다고 가정해 볼까요? 부모 중 한 명은 모든 식구가 반드시 함께 식사해야 한다고 생각하고, 다른 한 명은 편하게 각자의 스케줄에 맞게 식사하면 된다고 생각하는 거예요. 사교육 지출 관련으로도 생각 차이가 발생할 수 있어요. 영어 유치원에 가느냐 일반 유치원에 가느냐, 영어, 수학 학원을 다니느냐 마느냐, 다닌다면 몇 살때부터 다니느냐 등등요. 사소하게는 저녁 식사 문제에서부터 교육 철학, 가족 문화나 분위기 등 서로의 생각과 의견을 공유할 일이 많습니다. 이런 문제는 아이를 포함해서 논의하기보단 부부 둘이 교통정리를 한 후 아이를 지도하는 것이 바람직합니다.

아침 생활 습관이나 공부, 독서도 마찬가지예요. 만약 엄마는 습관을 만들어 주겠다고 열성을 다하는데, 아빠가 아이 앞에서 엄마의 뜻에 동의하지 않는 것처럼 핀잔을 주듯 말하거나 아이는 알아서 큰다는 등의 엄마와 상반된 말을 하면 아이를 혼란에 빠뜨릴 수 있어요. 그래서 부부간의 대화와 동심同心 즉, 일치하는 마음이 중요합니다.

일찍 자고 일찍 일어나는 습관을 만들기까지

부모의 교육 철학이 같아야 하는 이유는, 아이는 부모 모두를 보며 성장하기 때문입니다. 양육에서는 일관성이 매우 중요합니다. 저희는 남편의 귀가가 항시 늦기에, 아이들에게 충분히 설명하고 먼저 잠들기로 합의를 봤어요. 기껏 엄마가 노력해서 아이를 재워놓았는데, 늦게 귀가한 아빠가 아이와 놀고 싶은 마음에 깨운다면 일관된 양육을 할 수 없죠. 거듭 말하지만, 부모는 일관된 양육 태도를 보여야 합니다. 그래야 아이가 혼란스럽지 않아요. 아이를 양육하는 사람이 부모 외에 다른 사람일 수 있습니다. 조부모나 고용된 베이비시터 등이요. 아이의 양육을 함께해주는 사람들과도 꼭 사전에 논의와 협의가 필요합니다. 일관된 언행을 보여주어야 제대로 된 양육을 할 수 있어요.

모이라 미콜라이자크와 이자벨 로스캄이 집필한《부모 번아웃》에 따르면 부부 만족도가 가장 낮은 시기가 아이 나이 5세 전후부터 사춘기까지라고 해요. 아마도 5세부터 사춘기 나이의 아이를 키울 때가 양육 원칙과 교육 철학을 세워가는 과정이라 어렵고 고민되는 상황에 놓일 가능성이 많기 때문일 거예요. 미리 경험해 보지 못한 부모 역할이기에 미성숙한 태도를 보일 수도 있고요. 어쩌면 부모는 갈등과 걱정, 고민과 벅참을 느끼는 시기를 다 경험하면서 진정한 어른이 되어가는지 모릅니다.

나 자신을 발전시키고, 가정 문화를 바르게 만들고, 아이에게 좋은 습관을 형성해 주기 위해서 부모 모두 같은 곳을 바라보며 함께 실천해야 합니다. 그래야만 일관성 있는 교육을 할 수 있어요. 어찌 보면 간단해 보이는 '일찍 자고 일찍 일어나는 습관' 하나를 만들기 위해서는 온 가족이 한마음이 되어 실천하는 것이 중요합니다.

● MISSION ● 일찍 잠들기 위한 규칙 세우기

✓ 양육자인 내가 좀 더 일찍 잠들기 위해 변해야 하는 점이 무엇인지 적어보아요.
ex. 저녁 식사 후 뒷정리 하는 대신 잠자리 독서 후 아이와 함께 취침하기 등

지금의 나를 인정하고
내 마음을 들여다보기

아이가 어릴 때 자의 반 타의 반 퇴사를 하고 육아와 살림을 맡았습니다. 처음 마주한 상황이라 걱정이 앞섰습니다. 아니나 다를까 이 생활이 답답하더라고요. 익숙지 않은 살림과 벅차기만 한 육아로 한동안 책과 담을 쌓았는데, '나를 찾자'라는 생각에 아이가 6살이 되던 해부터 책을 열심히 읽기 시작했습니다. 무언가를 개선하고픈 간절한 마음이 저를 책으로 이끌었던 것 같아요. 육아서는 물론이거니와 살림, 요리, 심리학, 범죄 스릴러, 인문학, 부동산, 투자 관련 책까지 다양한 장르를 넘나들며 읽기 시작했어요. 책을 읽다 보니 살길이 열리는 기분이 들었습니다.

미니멀 라이프 살림도, 요리도 모두 책을 통해 배웠어요. 마음에 울림을 주는 책을 만났을 때는 책 이야기를 나누고 싶은 마음이 커졌고, 읽고 싶은 마음은 쓰고 싶은 마음으로 바뀌었어요. 갑자기 할 수 있는 일이 많다는 희망이 생기더군요. 부동산 관련 서적을 읽을 때면 공인중개사 자격증을 따서 부동산 사무실을 낼 상상을 하거나, 건물을 사서 등기 신청하는 상상을 했습니다. 번역된 그림책이나 소설을 읽으며 번역가의 삶은 어떨지, 적성에 맞는지 등을 그려보기도 하고, 에세이를 읽으며 작가의 하루를 떠올리기도 했습니다.

밤에 안 자고 무언가를 하느라 아침에 못 일어났다고 실토했잖아요? 모두가 잠든 밤에 저는 이런 활동을 했었지요. 그런데 이 모든 활동을 밤이 아니라 아침에 하면 다른 결과로 이어질 수 있겠다는 생각이 들더라고요.

둘째를 갖기 전, 외동처럼 성장하던 첫째가 7시간 정도 유치원에서 생활하며 자연스럽게 아이와 분리된 시간이 저에게 생겼어요. 그 시간에 할 수 있는 일을 진지하게 고민했어요. 재취업을 생각했지만, 제 능력을 필요로 하는 회사는 긴 업무 시간을 요구할 것이기에 4시 칼퇴근은 불가능하다는 결론을 내렸어요. 아이가 유치원에 있는 시간 중 할 수 있는 일을 찾던 중 우연히 동네 영어 학원에서 영어 강사를 구한다는 말에 이력서를 냈고, 덜컥 취업이 되었어요.

영어 강사로 시작했지만, 보스턴 대학과 서울대 MBA 졸업이라는 학벌 덕분에 금방 부원장이 되어 학원의 전반적인 업무를 총괄하게 되었어요. 처음엔 학생을 가르쳤지만, 점점 학원 운영, 부모 상담 및 세미나, 강사 인터뷰와 교육, 교재 만들기 등의 일로 업무가 확장되더라고요. 학원 운영에 깊게 관여할수록 학원은 항상 정직하지도, 정직하기만 할 수도 없는 구조로 돌아간다는 점을 알게 되었고, 결국 저는 다시 엄마의 자리로 돌아오게 되었습니다. 학원에서의 경험을 통해 사회생활의 갈증을 짧게나마 해소하고, 엄마표 영어 교육을 진행하는 데에 큰 도움을 받았어요..

아이에게 좋은 모습을 보여주고 싶어 시작한 미라클 모닝

'나는 어떤 사람인가?', '무얼 하고 싶은가?' 이 질문은 영어 학원을 그만두고도 계속되었고, 지금도 계속 답을 찾듯 살아가고 있습니다.

저는 아이 교육은 물론이거니와 살림이나 일, 투자도 잘하고 싶습니다. 아이 교육보다 자기 발전을 더 갈망하고요. 책을 읽거나, 글쓰기를 좋아하고, 무엇보다 하고 싶은 것이 무척 많답니다. 알고 있는 것을 사람들과 나누는 것을 좋아하며, 이를 통해 보람을 크게 느끼고요. 하고 싶은 일들을 하나둘 하려니 일정한 시간 확보가 필요했고, 결국 아침 시간이 답이라는 결론을 내리게 되었어요.

제일 먼저 시작한 건 책읽기예요. 생각해 보니 책을 가까이하다가도 멀어질 때가 있고, 그러다 다시 책이 그리워서 돌아오기를 반복하는 듯해요. 어느 날, 아이가 제 행동을 따라 하며 혼자 책을 꺼내서 보더라고요. 자연스레 '아이가 혹시 책 읽는 내 모습에 호기심이 일어 따라서 보는 걸까?'라는 생각으로 이어졌지요. 그날 이후 아이가 무언가 행동했으면 하는 바람을 아이에게 시키지 않고, 직접 보여주기로 마음먹었습니다. 아이는 부모의 거울이라는 말이 있잖아요. 이런 말을 들을 때마다 다소 반감을 가진 적도 있었어요. '뭐든 만날 부모 탓이래!' 좋은 점도 그렇겠지만, 안 좋은 면에 대해 일침을 가하는 말 같았거든요. 그럴 때면 괜히 억울한 마음이 들기도 했지요. 하지만 아이가 성장할수록 듣기 불편했던 그 말이 정말 맞을 수도 있다는 믿음으로 자리 잡기 시작했어요.

아이가 좋은 말투, 습관, 행동을 하길 바란다면 부모가 몸소 보여주는 것이 제일 효과적이라는 방법임을 깨달은 경험담을 소개할게요.

저는 미국에서 중·고등학교, 대학교를 졸업하고, 직장에 다녔기 때문에 국어보다 영어를 더 편하게 느끼던 시절이 있었어요. 영어와 국어를 아무렇게나 섞어 사용하는 습관이 형성되었고요. 영어와 국어를 섞어 사용할 때마다 자꾸 지적하는 남편과 종종 작은 다툼이 있었어요. 남편은 엄마의 말투를 고스란히 아이가 따라 할 텐데, 사용하는 언어가 우리말인지 영어인지 구별도 못한 채 버릇처럼 몸에 배어버릴까 염려가 된다고 했죠. 처음엔 감정적으로 나를 보호하는 차원에서 반기를 들었는데, 아이가 "엄마 plate(접시) 가져왔어요"라고 말하는 모습을 보고 제 습관을 고쳐야겠다는 다짐을 했습니다. 물론 이 글을 쓰고 있는 지금도 그 습관이 완벽하게 고쳐지진 않았음을 고백합니다. 하지만 고치려고 정말 노력하고 있어요.

언어발달 전문가 장재진 소장이 쓴 《아이의 언어 능력》에서 평소 부모가 사용하는 말이나 단어 수가 아이의 어휘와 언어발달에 영향을 미친다는 연구 결과를 소개했습니다. 아이에게 직접적으로 언어 자극을 줄 때뿐만 아니라 부모가 일상생활에서 사용하는 말에도 아이는 영향을 받는 것이죠. 부모의 언어 습관이 살아있는 언어 환경이 되어 아이에게 그대로 영향을 미친다고 하니, 양육자의 언어와 언어 습관에 신경을 써야겠다고 생각하게 되었어요.

그때부터 국어 실력 향상과 자기계발을 목적에 두고 일일일독一日一讀을 하며 블로그에 서평을 남기기 시작했습니다. 구체적인 목표는 없었지만, 책 속에 답이 있다는 말을 다시 경험해 보고 싶은 마음이 컸어요. 책을 읽으며 미국 유학을 꿈꾸었고, 인생의 길을 잃었을 때도 결국 책으로 돌아가 답을 찾은 경험이 있었거든요. 다양한 책 속에서 제가 보이더라고요. 함께 성장할 저의 아이들을 생각하며 독서와 글쓰기, 그 외 활동들을 아침 시간에 활용해 보기로 했습니다. 그렇게 미라클 모닝을 실천하게 된 것이죠.

아침 일찍 일어나 엄마의 생활 모습을 보며 아이가 '원래 다들 이런 생활을 하는 건가 보다'라는 인식을 갖길 바랐어요. 일찍 자고 일찍 일어나는 일이 엄청나게 어렵고 고통스러운 일상생활이 아니라 원래 이렇게 사는 거라는 걸 알려주고 싶었습니다. 끼니때가 되면 밥을 먹는 것처럼, 일찍 자고 일찍 일어나고 깨어있는 그 시간을 생산적이고 건설적으로 보내기 위해 독서든, 공부든, 자기계발을 하는 것이 자연스러운 행동이라고 말이죠.

나에 대해 솔직하게 인정하기

저희 아이들은 책을 읽고 글을 쓰는 엄마의 모습을 보며 자랐어요. 저는 다양한 장르의 책을 영어로든 국어로든 가리지 않고 읽습니다. 아이들이 어느 정도 성장한 지금도 자녀교육서는 주기적으로 읽고 있어요. 수백 권의 책을 읽었기에 새로 읽는 자녀교육서를 통해 새로운 깨달음을 얻는다기보다는 시기상 놓치는 것이 없도록 배움의 끈을 놓지 않으려는 마음이 더 커요.

아이가 1학년이면 엄마도 1학년이라고 하잖아요? 그 말이 맞는 것 같아요. 아이가 초등학생일 때는 중·고등학교 학생들의 이야기를 들어도 크게 공감이 안 가더라고요. 당장 초등학교 생활도 어떻게 해야 할지 막막한데 선배 학년의 이야기는 들리지도, 생각할 겨를도 없었어요. 아이가 성장하면서 엄마인 저도 성장하는 걸 느꼈어요. 생각과 관점이 변하다 보니 같은 책이라도 아이가 1학년 때 읽었을 때와 6학년 때 읽었을 때 책이 전하는 메시지가 다르게 전달되더라고요. 한없이 부족하지만 완벽한 사람이 없다는 것을 인정하고 개선하려 조금만 노력한다면, 그걸로도 충분히 잘하고 있다는 생각을 주기적으로 합니다. 이 과정에서 분명 어른도 아이도 배우는 게 있을 거란 확신이 들어요.

아침 공부를 함께 잘할 수 있었던 이유도 어쩌면 잠 많고 게으른 엄마임을 아이에게 솔직하게 고백하고, 부족함을 인정했기 때문이 아닌가 싶어요. 100권의 자녀교육서를 읽는 것보다 아이의 눈을 바라보며 나누는 따뜻한 말 한마디가 더 중요하잖아요. 결국 살펴보고 이해해야 하는 대상은 나와 우리 아이예요. 내가 무엇을 원하고 아이는 무엇을 원하는지, 나는 아이에게 무엇을 바라고 아이는 부모에게 무엇을 바라는지를 끊임없이 경청하려 한다면 어떠한 어려움이 와도 현명하게 극복할 수 있으리라 생각해요. 개인의 가치관을 성립하고 다른 이의 경험을 참고하여 아이와 함께 세계관을 만들어 가는 것이 자녀교육의 핵심일 거예요. 물론 실천이 답이고요.

일찍 일어나기 위해
가장 먼저 해야 하는 것

일찍 일어나기 위해 가장 먼저 해야 하는 것은 무엇일까요? 알람을 맞추어 놓는 것? '스누즈 버튼을 절대 누르지 말자, 다시 잠을 청하지 말아야지!' 같은 다짐을 하는 것? 모두 아닙니다. 일찍 일어나기 위해 가장 먼저 해야 하는 일은 바로 일찍 잠드는 것입니다.

어처구니없는 답 같다고요? 하지만 이것이 핵심입니다. 이미 습관적으로 늦게 자는 생활 방식이 익숙하다면 더더욱 전략적으로 '일찍 자기' 실천 방안을 마련해야 해요. 많은 사람들이 이 단순한 논리를 잊는 듯싶어요. '내일' 아침 일찍 일어나기 위해 꼭 해야 하는 것은, 바로 '오늘' 일찍 잠자리에 드는 것입니다.

그렇다면 나의 생체 리듬을 알아봐야겠죠? 어느 정도 일찍 자야 일찍 일어날 수 있는지를요. 나의 행동 패턴, 무언가를 하는 데에 걸리는 시간 등을 관찰하며 계산해 봅니다. 자신의 행동 패턴을 모르면 스스로를 관찰하며 일지를 작성해 봅니다. 몇 시간을 자야 충분히 에너지가 회복이 된 기분이 드는지, 그러기 위해 적어도 몇 시에는 침대에 누워야 하는지, 침대에 눕기 전에 무엇을 해야 하는지 등에 대해서요.

미쉘의 실제 행동 패턴 체크표

날짜	기상 시간	취침 시간	메모
월	5:00	9:30	정리하지 말고 그냥 잠자리 독서 시작 아이가 더 소중, 시간은 돌아오지 않아
화	5:15	9:00	스트레칭 하니 개운하군, 내일도 잠들기 전 아이와 함께 스트레칭
수	4:50	9:00	아이와 함께 있을 때 이어폰 금지, 오디오북은 혼자 있을 때만, 잠들기 전 오디오북 금지
목	4:30	8:50	기상 후 커피 금지! 따뜻한 물만 마시자 오후 2시 이후 커피 금지, 지킬 수 있다!
금	4:35	8:30	저녁 일찍 준비, 독서 데이 분위기 만들고 8시 반엔 독서, 수다 종료! 불 끄기 8시 반
토	4:30	9:00	아이와 수영, 요가 역시 많이 움직여야 해! 따뜻한 캐모마일
일	6:00	9:00	북한산 둘레길 나들이 노션 업데이트, 소식

가정 상황에 따라 다양한 변수가 발생할 수도 있어요. 아이와 함께 진행할 계획이라면, 아이 스케줄도 함께 고려해야 해요. 내가 일찍 잠이 들기 위해 변해야 하는 것과 동시에 아이에게 일찍 자길 권하고, 아이를 동참하게 하기 위한 대책도 세워야 하니까요.

한 번 못 지켰다고 실패가 아니다

많은 사람들이 두 가지 실수를 합니다. 하나는 '어젯밤에 아무리 늦게 잠을 잤더라도 무조건 아침 5시에 기상해야지, 안 그러면 실패한 것이다'라고 생각하는 것이고, 둘은 '오늘 실패했으니까 난 안 되나 보다' 하고 포기하는 것입니다.

아침 5시 기상이냐, 5시 반 기상이냐가 중요하다기보다는 충분한 양질의 숙면을 취했는가가 더 중요해요. 오늘 만약 늦잠을 잤다면 숙면을 취하는 것에 더 무게를 두고, '오늘은 꼭 일찍 잠자리에 들려고 더 노력해야지!'라는 마음을 가지면 되는 거예요.

어떻게 항상 칼같이 시간을 지킬 수 있겠어요. 평소 자던 시간보다 늦게 잠이 들 때도 있죠. 그럴 땐 5시보다 더 늦게 일어나고, 당일에는 좀 더 일찍 잠을 청하려 노력했어요. 심지어 '늦잠 쿠폰'을 만들어 활용할 기회를 주자고 아이와 합의를 봤어요. 아이는 사용한 적이 없지만, 저는 늦잠 쿠폰을 이용한 적이 여러 번 있습니다. 철저하고 완벽한 계획으로 기계처럼 살아가는 것이 목적이 아니에요. 하루이틀 실천을 못 하더라도 괜찮아요. 유연함과 관대함도 필요합니다. 하지만 습관을 만들기 위한 노력을 해야만 지속할 수 있어요.

무조건 일찍 일어나는 데에만 목표를 세우면 목적이 변질될 수 있습니다. 물론 저 역시 '무조건 일찍 일어나 보자!'라는 마음을 먹었던 적이 있어요. 그런데 우리가 일찍 일어나려는 일은 하루를 생산적이고 건설적으로 보내려는 거잖아요. 수면 부족으로 만성 피로에 시달리는 것이 아니라요. 스스로에게 관대함과 단호함을 표현하세요. 내가 내 안의 아이를 타이르듯이, 용기도 주고 쓴소리도 해가면서요.

● MISSION ● 기상 - 취침 시간 확인하기

기상 시간, 취침 시간을 적어보고, 메모 항목에는 그날의 컨디션이나 생각나는 것을 무엇이든 기록해 보세요. 부모와의 대화를 통해 아이 역시 자신의 일과에 대해 생각해 보는 계기가 된답니다.

ex. 첫째 아이의 실제 행동 패턴 체크표

날짜	기상 시간	취침 시간	메모
월(2021.4.5)	5:30	8:00	테니스로 인해 배가 빨리 고픔, 저녁 식사 더 일찍 함
화(2021.4.6)	5:40	8:20	간식을 챙겨 먹어 덜 배고픔, 샤워 길게 함
수(2021.4.7)	5:40	8:20	농구 전후에 시간 활용, 〈과학동아〉 챙기기
목(2021.4.8)	5:45	8:00	독서 데이, 족욕 후 몸이 나른나른
금(2021.4.9)	5:40	8:30	테니스 후 발바닥 불남, 족욕하며 책 보기
토(2021.4.10)	5:35	8:30	〈수학동아〉 블로그 7시 전까지 완료
일(2021.4.11)	5:40	8:00	외출 후 피곤, 오늘은 좀 더 일찍 자기

날짜	기상 시간	취침 시간	메모

미라클 모닝을 시작하기 전, 내 마음 들여다보기

Q. 왜 미라클 모닝을 하려 하나요?

Q. 무엇을 바꾸고 싶은가요? 가장 바꾸고 싶은 한 가지를 생각해 봅시다.

Q. 미라클 모닝을 통해 무엇을 얻고 싶은가요?

Q. 1년 뒤의 나는 어떻게 변해있을까요?

Chapter 2

가족이 함께하는 아침 공부

일정에 있는 것을 우선순위로 두는 것이 아니라,

우선순위에 따라 일정을 짜는 것이 핵심이다.

The key is not to prioritize what's on your schedule,

but to schedule your priorities.

- 스티븐 코비Stephen Covey

일단, 가볍게,
부모 먼저 시작하기

백곰white bear이라는 용어를 들어보신 적 있나요? 하버드 대학교의 사회심리학자 다니엘 웨그너Daniel Wegner의 책《White Bears and Other Unwanted Thought》에서 언급된 이론에 따르면, 사람들은 특정한 행동이나 생각을 억제하려고 할 때 되레 더 두드러지게 생각하고 행동한다고 해요.

백곰 문제white bear problem는 "백곰에 대해 생각하지 마세요."라는 말이 떨어지는 순간부터 머릿속에 자꾸만 백곰에 관한 생각을 떠올리는 현상이에요. 지금 여러분도 백곰을 상상했지요? "자, 백곰을 생각하지 마시라니까요?"라고 아무리

말씀드려도 그 말을 들으면 들을수록 오히려 백곰을 더 생각하는 자신을 발견하셨을 거예요.

백곰을
생각하지 마!

우리는 욕구와 억제 사이에서 늘 갈등을 합니다. '실수하면 안 돼'라고 생각하는 순간, 실수를 하지요. 긴장 상태에 놓여 있으면 실수할 가능성이 더 큰데, 이런 사람들은 대부분 그 누구보다 더 잘하고 싶어 하는 욕구가 크다고 해요. 이들에게 필요한 것은 지적과 자책, 더 많은 노력이 아닙니다. 수많은 욕구 리스트 중 '실수하지 않기'를 과감하게 지워버려야 실수라는 이름의 백곰은 사라집니다.

지금 제 백곰은 글 잘 쓰기예요. 너무 잘 쓰고 싶어서 오히려 시작을 못 할 때가 더 많아요. 흩어진 생각을 한데 모으고 하나둘 글을 써나가면 되는데, '하루에 3시간 앉아서 글쓰기'나 '독자로 하여금 시간을 투자해서 읽을 가치가 있는 글 쓰기' 식으로 포부가 거창하면 거창할수록 백곰인 '글쓰기'는 점점 실행력을 잃어가고 잘 못하게 되더라고요. 그래서 저는 과감하게 백곰, '잘'을 지웠습니다. 좋은 성과를 얻기 위해서 노력하고 더 나은 글의 탄생을 추구하는 욕심이 나쁜 것은 아니지만, 스트레스와 실망감으로 인해 시작조차 못 하게 할 수도 있거든요. '일단 뭐라도 써보자. 못하면 어때? 세상에 진짜 글 잘 쓰는 작가가 실제 몇이나 있겠어? 나는 나의 진심을 담으면 되는 거야, 현란한 문장이 필요한 것이 아니야. 카페나 블로그에 가볍게 글 쓰는 기분으로 뭐라도 써보자.' 이런 식으로 백곰을 떨쳐내려 노력하며 이 글을 한 자, 한 자 쓰고 있습니다.

만일 여러분의 백곰이 '매일 일찍 일어나기'였다면 '매일'이란 단어를 지우는 것도 방법일지 몰라요. 하루이틀 실행을 못 할 수도 있어요. 실패 몇 번 했다고 자책하지 말고, 노력하는 자신을 격려하세요. 그래야 앞으로 나아갈 수 있어요. 자칫 목표가 해이해질 수도 있다는 염려가 있겠지만, 억제하는 대신 생각을 멈추고 행동하는 방향으로 실천을 유도한다면 좀 더 균형 잡힌 생활을 할 수 있습니다.

다이어트 할 때, 치팅 데이라고 들어보셨죠? 다이어트 식단에서 제한된 음식을 먹는 것을 허용하는 날을 말해요. 억제만 강요하다 보면 결국 포기로 이어질 가능성이 높습니다. 일주일에 하루 정도 음식이 주는 즐거움을 느끼면 다이어트를 지속하는 데 도움이 된다고 전문가들은 말합니다. 치팅데이가 스트레스와 우울증을 완화해 준다고 해요.

원치 않는 생각을 억누르려고 시도하는 것보다, 존재 자체를 용인하고 받아들이는 데에 초점을 맞춘다면 강박증, 완벽주의에서 벗어나 실천에 한 발짝 더 가까이 다가갈 수 있습니다. 너무 절실하면 시작을 못 할지도 몰라요. 여유를 가지고 나를 다독여가며 실천하고, 이를 나와 아이들에게도 계속 상기시켜 주세요. 어른도 어려운 일인데, 아이에게는 얼마나 어렵겠어요. 기질 자체가 올빼미족이라면, 이를 부정하기보다 포용해 주고 변화하려 노력해야 함을 충분히 이야기하는 게 중요합니다.

나를 움직이게 하는 원동력 찾기

어떤 일을 꼭 해야만 하는 상황을 상상해 보세요. 남이 시켜서 해야 할 때와 내가 원해서 할 때 결과가 얼마나 다를까요?

전 이상하리만큼 누군가가 지시를 내리면 하고 싶던 마음이 싹 사라지더라고요. 어른이 된 후 좋은 점을 꼽자면, 무언가를 억지로 해야 하는 상황이 많이 줄었다는 거예요. 물론 직장을 다니면 모든 것에서 자유롭지는 않겠지만, 적어도 내가 하고 싶은 것들에 대해서는 대부분 자유롭게 결정할 수 있잖아요. 커피를 집에서 마실까, 카페에서 마실까, 요리를 해 먹을까, 외식을 할까, 여행을 갈까, 말까 등이요. 인생은 끊임없는 선택의 연속이지요. 자유가 있는 만큼 선택에 대한 책임도 따르고요.

남이 시켜서 할 때와 내가 해야 한다고 마음을 먹었을 때의 행동이 얼마나 다른지에 대한 일화 하나를 소개할게요. 이야기를 통해 각자의 원동력은 무엇인지 생각해 보는 시간을 가져보세요.

미국에서 혼자 오래 살아서 그런지, 저는 생존 요리를 해야 했어요. 외식은 기본적으로 뭐든 비쌌거든요. 미국은 일반 음식점에서는 기본 팁을 줘야 하는데, 음식값의 15~20퍼센트예요. 요즘은 물가 상승으로 인해 팁이 더 인상되었다고 하더군요. 예를 들어 주문한 음식이 15달러였다면, 팁까지 포함해서 음식값으로 18달러 이상 지불해야 해요. 가난한 유학생이 무슨 돈이 있었겠어요. 결국 장을 봐서 집에서 밥을 해 먹었지요. 하나둘 만들어 먹다 보니 김치까지 담가 먹게 되었습니다.

미국 생활을 하며 밥해 먹는 것이 익숙했는데, 국내로 돌아와 부모님과 살면서는 죄송하게도 거의 요리를 해본 적이 없어요. 그런데 결혼하고 얼마 지나지 않아 갑자기 총각김치가 먹고 싶어졌고, '한번 담가 볼까?'란 생각이 스쳐 지나갔어요. 곧바로 장에 가서 총각무를 샀죠. 그땐 단위에 감이 없어서 10단을 사고 말았어요. 배달된 10단의 양을 보고 까무러치듯 놀랐습니다. 예상치 못한 엄청난 양이었거든요. 싱크대에서는 해결이 안 되어, 화장실로 무를 끌고 가서 씻느라 사서 고생했던 기억이 나요. 2인 가족에게는 황당하게 많은 양이었어요. 어찌어찌 김치를 담갔는데, 재료가 좋아서인지 정말 맛있어서 친정에도, 시댁에도 드렸어요. 소꿉장난하듯 살림을 한 셈이죠.

시간이 한참 지난 어느 날 예고 없이 시어머님께서 절인 배추를 박스로 보내신 적이 있어요. 물론 김치를 담그라면 담글 수는 있었지만, 제가 만들고 싶어서 총각김치를 담갔을 때와 어떠한 상의도 없이 눈앞에 절인 배추가 도착했을 때의 느낌은 너무 다르더군요. 육아와 살림에 이미 버거워하던 중에 덩그러니 절인 배추를 보니 한숨부터 나왔어요. 그러면서 또 깨달았죠. 내가 하고 싶어서 하는 일과 남이 시켜서 어쩔 수 없이 해야 하는 일에 대한 마음이 이토록 다르구나를 말이죠.

미국에서 김치를 해 먹은 저의 원동력은 비용 절약, 깨끗한 음식 그리고 뿌듯함이었을 거예요. 신혼 초에도 그랬고요. 심지어 제가 직접 담근 김치를 친정, 시댁 모두 나누어 먹기까지 했으니 나눔의 기쁨도 매우 컸죠.

절인 배추와의 만남을 통해 깨달은 점은 배추를 선물해 준 사람의 의도가 어찌 되었든, 정작 해결해야 하는 당사자와 상의가 되지 않았기 때문에 거부감과 하기 싫다는 생각이 먼저 들었다는 거예요.

아이가 원하는 것부터 확인하기

아이에게 학습이나 생활 태도에 대해 무언가를 말하고 싶을 때면 절인 배추 사건을 떠올리며 절제하려 노력합니다. 다 큰 어른인 저도 그럴진대 아이들은 어떻겠나 싶어서요. 절인 배추는 어쩌면 우리가 아이에게 상의 없이 요구하는 문제집 풀기, 학원 가기 등이지 않을까 싶어요. 며느리니까, 아내니까 당연히 수행해야 하는 역할이 아이에겐 '학생이니까 공부해야지!'라고 동일하게 느낄 수 있겠더라고요. 그날 이후 '아이의 의사를 물어보고, 꼭 존중해야지!'라고 다짐했습니다. 그러기 위해서는 아이의 마음을 움직이게 하는 원동력이 무엇인지 관찰하는 자세와 아이와의 끊임없는 대화가 필요합니다. 아이는 아직 어려서 자신이 진정 뭘 원하는지 모를 수 있거든요. 아이들이 자발적으로 아침 공부에 참여하기 위해서는 어른들이 시켜서가 아니라, 아이 스스로 하고픈 마음이 들 때까지 기다려주는 부모님의 인내심이 반드시 필요합니다. 아이가 스스로 계속 질문할 수 있도록 생각하게 만드는 장치도 필요하고요. 처음에는 당근 전략을 택해 보상으로 시작하더라도 스스로 만족하고 기쁨을 만끽하는 경험을 할 수 있도록 기다려줘야 해요. 누군가는 인정받을 때 그 기쁨을 배로 느낄 수 있습니다. 몰입의 순간을 경험하고, 매일 조금씩 성공을 맛보는 과정을 충분히 느껴야만 지속할 수 있습니다. 이것이 아이와 함께하는 아침 공부의 핵심이에요.

남이 시켜서 시작하는 건 어차피 오래할 수가 없습니다. 즐겁지 않으니까요. 나중엔 부당하다고 생각할 수도 있어요. 부모가 세워야 하는 전략은 아이를 책상 앞에 앉히는 게 아니라, 왜 이걸 해야 하는지 깨달을 수 있도록 도움을 주고, 그 과정에서 아이와 충분한 대화를 나누어야 합니다. 속은 타들어 갈지언정 겉으로는 여유 있는 일관된 태도와 기다림, 아이를 향한 조건 없는 사랑 표현과 믿음을 보여줘야 합니다.

아무리 좋은 교재와 책을 가져다줘도 정작 아이가 안 보면 아무 소용 없잖아요. 우리 아이들은 무언가 잘하고 싶은 마음이나 좋아하는 무언가가 분명히 있을 거예요. 레고를 잘 만든다거나, 종이접기를 좋아한다거나, 퍼즐 맞추기 등이요. 아이들은 자신이 좋아하는 활동을 하면 행복해하죠. 사실 이런 게 다 공부잖아요? 잘하고 싶고, 배우고 싶은 마음을 학습과 유기적 관계로 이끌어내면 돼요. 스스로 해보고 뿌듯함을 느낀다면, 지금 당장은 아니더라도 때가 되면 학습도 자발적으로 할 때가 분명 옵니다. 우리는 도를 닦는 기분으로 인내하며 기다림의 미학을 발휘해야 합니다. 어느 가정에서는 긴 여정이 될 수도 있겠지요. 충분한 대화를 통해 아이가 스스로 '나도 한번 해볼까?'라는 마음을 갖는 과정에서, 이 마음을 먹게 하는 주체자가 누구인지가 매우 중요해요. 이것이 아침 공부를 비롯한 아이가 목표로 하는 것의 성패를 좌우할 것입니다.

● MISSION ● 아이 관찰 질문

- 나는 어떤 활동을 할 때 뿌듯하고 행복한가요?
  ex. 새로운 작가의 책을 만나 그 작가에 대해 알아갈 때 행복합니다. 이러한 책을 다른 이들과 공유할 때 뿌듯하고요.
- 아이는 어떤 활동할 때 이러한 감정을 느끼는 것 같나요?
- 아이가 좋아하는 활동과 학습을 어떻게 연결하면 좋은지 생각해 보세요.
  ex. 종이접기를 좋아하는 첫째는 종이접기를 할 때 사용되는 영어를 익혔습니다. fold, unfold, crease, square base, rotate 등 단어도 쉽게 배우고요. fold라는 단어에도 valley fold, mountain fold, fold in half, sink fold, pleat fold, twist fold 등 다양한 기법이 있다는 것을 터득하고, 이를 엄마에게 알려주는 기쁨을 경험했습니다.

생각보다 강적인 나의 뇌를 속여라

실행을 쉽게 못 하는 이유가 아직도 의지력이나 동기 부족이라고 생각하나요? 어느 정도는 일리가 있습니다. 하지만 다른 생각을 하게 한 책을 만났어요.

인간 행동 연구 전문가인 웬디 우드는《해빗》에서 우리가 온종일 하는 행동의 43퍼센트는 무의식이 지배한 습관에서 나온다고 말합니다. 무려 43퍼센트요! 내가 행하는 많은 일 중 깊게 생각하지 않고 그냥 하는 경우가 거의 절반인 거죠. 우리가 늦게 자고, 늦게 일어나거나 일 미루기를 반복하는 것도 습관 때문이에요. 그것도 깊이 생각하지 않고 행해지는 단순 습관. 고치려 해도 쉽게 안 고쳐지는 습관일지도 모르겠네요.

만일 우리가 변화를 주려고 마음먹기 시작하면, 그 순간부터 뇌는 극심히 불편해해요. 뇌는 생존과 번식을 위한 본능적인 작용을 수행하기 위해 진화했다고 합니다. 이러한 본능은 뇌가 자신을 보호하고 위험 요소로부터 멀리하려는 습성이 있어요. 불편함에서까지 보호 본능을 작동시킨다는 의미일 수 있는 거죠. 나의 뇌가 불편함으로부터 보호하기 위해 새롭게 생성하려는 습관을 방해한다니! 결국 나의 적은 의지력 부족이 아니라, 나의 무의식을 장악하는 '뇌'일 수 있다는 거예요.

뇌와의
전쟁 선포

"뇌는 편안함을 추구한다"라는 전제로 저의 모든 행동을 생각해 봤어요. 아침에 일찍 일어나 영어를 공부하겠다는 마음을 먹었다고 가정해 봅시다. 대부분 지속해서 실천을 못 하고 작심삼일인 이유는, 뇌가 힘들고 불편하기 때문에 평소보다 더 일찍 일어나려는 행위를 방해하는 메시지를 계속 우리에게 던지기 때문이에요. '조금만 더 자자. 내일부터. 일찍 일어난다고 뭐가 바뀌겠어? 영어 공부, 어차피 해도 난 잘 못할 거야. 무슨 소용이야~ 대충 살자~' 그러고 오후쯤 되면 후회와 질책, 마음 다잡기 등 비슷한 루틴으로 다시 나를 타일러요. '내일은 꼭!'이란 다짐과 함께요. 하지만 매번 반복되는 경험을 누구나 해봤을 거예요.

노력이 부족해서, 의지가 약해서 좋은 습관을 체화하지 못했다기보다 내가 생성하고픈 좋은 습관을 오히려 '나의 뇌'가 달성하는 데 방해가 된다는 점을 인지하고, '나는 무뇌', '생각할 수 없는, 이미 프로그램이 된 고체 덩어리' 식으로 생각 세팅을 해본 적이 있어요. 나의 좋은 습관을 방해하는 것이 뇌니까, '아침에 일어나야 하는데 어떡하지'란 생각을 하기도 전에 벌떡 일어나 욕실에 들어가 버리는 거죠. 생각할 찰나를 안 주는 겁니다.

습관 형성을 방해하는 것이 뇌라는 것을 깨닫고 나자 더 이상 무의식에 지배받기 싫어졌어요. 전 '뇌'와의 전쟁을 선포했죠. 스티브 잡스는 성공적인 사람과 그렇지 않은 사람의 큰 차이는 '가능하다고 믿고 실행하는 능력'이라고 말했습니다. 일단 최대한 실행해 보는 겁니다. 목표를 설정하고 꾸준히 노력하면, 그 과정에서 나의 역량은 계속해서 개발되고 발전할 테니 '계획했던 미라클 모닝을 통해 뭐라도 해보자!'라는 마음이 컸어요.

뭘 하든 평소보다 더 일찍 일어나는 것이 목표이며, 하루이틀 달성하면 이전의 삶과 완전히 다른 결과를 느낄 거예요. 기분뿐 아니라 달성한 소소한 결과에 대해서도요.

예를 들어, 6시 기상을 목표로 정했다면 시간을 머릿속에 세팅하는 것이 첫걸음이에요. 그러고 나서 디테일하게 추가 목표를 정해요. 최대한 구체적으로 목표와 스케줄을 짜보세요. 뇌가 딴지를 걸지 못하도록 우리의 원래 생활 방식이 악성 버그인 것처럼 차단하고 새로운 프로그램인 스케줄을 짜서 덮어쓰기 하는 거죠. 스케줄 작성하는 방법은 3장과 4장에서 자세하게 다루겠습니다.

용기는 충전하고
두려움은 축소하라

아이와 함께하는 아침 공부의 시작은 거듭 말하지만 아이와의 충분한 대화, 아이의 동의가 핵심입니다. 설득과 권유로 시작하더라도, 스스로 '해보니 나쁘지 않은데?'라는 마음과 일단 시작해 보는 '용기'가 필요해요.

작은 성공 경험 쌓기

용기를 키우는 가장 좋은 방법 중 하나는 사소하지만 해낼 수 있는 작은 경험을 쌓는 거예요. 인생을 바꾸고 싶다면 '침대부터 정리하라'는 윌리엄 H. 맥레이븐의 졸업식 연설을 접하고, 그의 책《침대부터 정리하라》을 읽었습니다. 그의 논리는 아주 간단하지만 뼛속까지 깊은 깨달음을 주었어요. 매일 아침 침대 정리를 한다면, 그날의 첫 번째 업무를 완수한 거라 해요. 이는 우리에게 작은 뿌듯함을 줄 것이고, 다음 업무를 수행할 용기를 준다고 합니다. 그리고 다음 업무, 또 다음 업무를 이어가게 하고요. 하루가 끝날 때쯤이면 완수된 업무 수가 하나에서 여럿으로 쌓여 있을 거예요. 침대 정리라는 사소한 일이 인생에서 얼마나 중요한 역할을 하는지 보여줍니다. 사소한 일 하나 제대로 해내지 못한다면, 큰일 역시 절대 해내지 못할 거라고 스스로에게 일침을 가하세요. 아이와 함께《침대부터 정리하라》 책 내용과 저자 연설에 대해 수시로 대화하는 것도 좋습니다. 엄마의 경험담도 이야기해주고, 아이가 실천 후 느낀 감정을 들어보며 서로 소통하는 시간을 가져보세요.

두려움과 용기는 늘 함께 다녀요.《타이탄의 도구들》의 저자 티모시 페리스는 사람들은 두려움을 느끼는 동시에 용기를 낸다고 합니다. 저는 육아를 하면서 이런 느낌을 많이 받았습니다. 어쩌면 내면에 깊이 자리 잡은 두려움으로 인해 아이를 기르는 데 있어 용기를 내지 못하는 건 아닐까요?

이 순간 아이의 미래를 상상하면 어떤 생각이 드나요?

- **우리 아이가 커서 자기 앞가림을 잘 할 수 있을까?**
- **혹여 내가 능력이 부족해서 아이를 잘 못 키우는 거면 어떻게 하지?**
- **날 닮아서 공부를 잘 못하면 어떻게 하지?**
- **내 아이는 왜 이 모양일까?**

이러한 생각은 모두 불확실한 것에 대한 의문이에요. 의문은 우리를 부정적인 감정에 집중시키지요. 의심은 불안감을 조성하고, 아이에게 하는 조언과 훈육을 잘못된 말과 행동으로 전하게 합니다. 제가 실천하는 '의문을 좋은 질문으로 바꾸는 방법'은 책을 통해 좋은 사람을 만나는 거예요. 이 세상 훌륭한 사람을 직접 다 만나볼 수는 없지만, 책 한 권이면 작가의 생각을 어느 정도 엿볼 수 있잖아요. 이를 통해 의문을 질문으로 바꾸는 계기도 만들고, 부정적인 상태에서 벗어나 미래 가능성과 잠재력에 집중합니다.

《타이탄의 도구들》에 등장한 이야기를 더 하자면, 세계적인 동기부여 전문가 토니 로빈스는 해마다 수천, 수만 명이 참석하는 '우리 안의 놀라운 능력UPW, Unleash the Power Within'이라는 행사를 연다고 해요. 그는 수많은 사람들 앞에서 가장 먼저 그들의 두려움과 불안을 직시하게 이끈다고 해요. 그의 말에 저 역시 충격을 받았죠.

> "한 번 천천히 생각해보라. 여러분이 갖고 있는 문제와 부정적 감정의 대부분은 아침을 좀 더 빨리 먹거나, 팔굽혀펴기를 10번 하거나, 잠을 한 시간 더 자기만 하면 해결됐을 문제들 아닌가? 그런 문제들에 대해 일기를 쓰느라 너무 많은 시간을 허비하고 있지 않은가?"
>
> -《타이탄의 도구들》, 팀 페리스 지음, 토네이도

우리를 짓누르는 문제들을 아주 작은 것으로 만드는 '의도적인 노력'을 해야 한다고 합니다. "모든 인간의 숙명은 첫째는 모두 죽는다, 둘째는 미래는 불투명하고 예측 불가능하다"예요. 이를 거스를 수 있는 사람은 단 한 명도 없어요. 우리네 삶의 과정은 또 어떤가요? 나의 인생과 우리 아이들과 함께하는 이 짧은 인생이요. 두렵게 느껴지는 실수나 결과가 실패일 가능성은 얼마나 될까요? 시작도 하기 전에 두려움과 용기가 나지 않아 시작을 못 했을 때의 실패 확률과 시작한 뒤의 실패 확률은 어떻게 될까요? 아시겠지만, 전자는 무조건 100퍼센트 실패예요. 하지만 후자는 우리 하기에 달렸죠. 어쨌든 시작은 했으니 비록 실패하더라도 이를 통해 뭐라도 하나는 배웠을 거예요.

좋은 타이밍은 바로 지금!

그럼에도 불구하고 여전히 불안해하는 데 많은 에너지와 시간을 허비하고 있나요? 지금도 '어떻게 하지?', '뭘 해야 하지?'라는 생각만 하느라 전전긍긍하고 있지는 않나요? '좋은 타이밍'은 없습니다. 시작이 두려울 뿐이에요. 남보다 앞서가는 사람들이 가진 중요하면서도 공통적인 습관을 길러야 합니다. 바로 '실천'입니다.

실천의 첫걸음이 아침 시간 활용이라고 한다면, 첫 번째로 실천하는 행위는 일단 일어나는 겁니다. 편안을 추구하는 뇌에 속지 말고 일단 일어나세요. 한 가지 일을 성공적으로 하였으니 그다음 일을 하나둘 해나가 보세요. 일어난 그 시간에 무엇을 하고 싶은가요. 이렇게 나의 시작에 대해 생각하다 보면 우리 아이와는 어떻게 아침을 시작할지 그림을 그려볼 수 있을 거예요. 혹시 첫술부터 나와 아이가 너무 많은 것을 하길 바라지는 않았는지, 그래서 스스로를, 우리 아이를 눈에 보이지 않는 철장으로 둘러싸인 감옥에 몰아넣은 것은 아닌지도 가만히 들여다보세요.

공부로 인해 부모와 사이가 벌어지는 가정이 많다는 이야기를 왕왕 듣습니다. 우리 아이들이 학생인 신분의 세월을 견디는 것이 아니라, 성숙한 어른으로 사회에 나와 자신의 꿈을 펼치기 위해 준비하는 과정임에도 불구하고요.

아이에 대해 의심이나 두려움을 심어 주는 것이 아니라 가장 가까운 곁에서 응원을 지속적으로 해주는 것만으로도 아이가 용기를 내는 데에 조금이나마 도움이 된다고 믿습니다. 아이가 어리면 어릴수록 공부 중심으로 대화하기보다 용기와 실천에 대해 대화해 보면 어떨까요?

인생은 속도가 아니라 방향이라는 말을 참 많이 합니다. 머뭇거릴 때는 내가 지금 무엇을 해야 할지를 생각하기보다 '내가 지금 뭘 하고 있는 거지?'라는 질문을 틈틈이 던지세요. 우리 아이의 미래에 대해 순간 떠오르는 의문을 질문으로 바꾸어 보세요.

- **우리 아이의 미래를 위해 지금 나는 뭘 하고 있지?**
- **아이에게 나는 어떤 본보기가 되어야 할까?**
- **괜한 두려움을 극복하기 위해 지금 당장 시작할 수 있는 건 뭘까?**

막연한 의문이 아니라 구체적인 질문으로 바꾸어 보는 것만으로도 내가 무엇을 해야 할지 조금은 감이 잡힐 거예요. 무거운 마음이 한결 가벼워지고, 아이들과 스스로에 대해서도 긍정적인 태도를 갖는 데 도움이 될 거예요.

성공을 꿈꾸는 사람들을 위한 교사이자 크리에이터인 데릭 시버스는 "우리가 저지르는 실수 대부분은 나태함 때문이 아니라 야심과 욕심 때문일 수 있다"라고 말합니다. 아이를 너무 사랑해서, 나의 발전을 위해서 과한 욕심을 부리며 각종 노하우와 꼼수에 귀 기울이는 대신 전자기기들과 거리를 두고, 나와 아이의 마음 소리에 집중하고 시간을 함께 보내며 속도를 늦추는 것은 어떨까 싶어요.

물론 작은 욕심, 즉 무언가 더 나아지기를 바라는 열망이 없다면 발전은 이루어질 수 없지요. 우리는 모두 더 나은 삶을 바라니까요. 지나친 욕심은 해롭지만, 어느 정도의 욕심은 우리에게 희망을 주고 더 나은 삶을 추구하게 만듭니다. 그렇기에 균형이 언제나 중요합니다.

• MISSION • 나와 아이의 목표 만들기

- 아이와 올해 이루고 싶은 목표는 무엇인가요?
- 지금 내 생활에서 바꾸고 싶은 부분은 어떤 부분인지 생각해 볼까요?
- 아이와 함께 더 잘하고 싶은 것에 대한 이야기를 나눠보세요.

아침 공기를 마시며
창의성 꺼내기

인지심리학자 김경일 교수는《창의성이 없는 게 아니라 꺼내지 못하는 것입니다》에서 실험 하나를 설명했습니다. 인간은 '도구'를 먼저 보면 큰일을 하지 못하기에, '목표'를 먼저 세우고 도구를 봐야 한다는 것을 발견한 실험입니다. 실험은 다음과 같습니다.

초등학교 3학년 4개의 반이 있습니다. 모두 비슷한 수준입니다. 1반 실험에서는 아이들에게 각자 마음에 드는 도형 5개를 골라 새롭고 신기한 것을 만들게 했습니다. 1반 아이들은 특이한 도형에는 손도 대지 않고 모두 평범한 도형을 선택했습니다. 남자아이들은 대부분 자동차나 기차를 만들고, 여자아이들은 집을 만들었습니다. 천편일률적인 결과물을 만들어 냈습니다. 2반에서는 마음에 드는 것을 5개 고르라고만 하고 실험자가 교실을 떠났습니다. 그랬더니 자신의 취향에 따라 특이한 도형을 선택한 아이들이 많았습니다. 그런 뒤에 5개 도형으로 새롭고 신기한 것을 만들라고 했습니다. 아이들은 자신이 고른 도형을 후회하기도 했지만, 이내 즐겁게 도형을 만들었고 제각각의 결과물을 얻어냈습니다. 3반에서는 도형을 공개하지 않은 채로 시작했습니다. 우선 새롭고 신기한 것을 상상하도록 했습니다. 그다음에 도형을 보여주고 생각한 대로 만들도록 했습니다. 4반에서도 처음에는 새롭고 신기한 것을 생각하게 했고, 제시된 도형에서 5개를 골라 생각한 대로 만들도록 했습니다. 그다음 옆 사람과 바꾸도록 했습니다.

각 반에 해준 말의 간격과 순서가 달랐을 뿐인데, 1반은 지극히 평범, 2반은 똘똘하고 창의적, 3반은 창의력 국내 최고, 4반은 창의력 세계 최고의 결과물을 만들어 냈습니다.

3반과 4반 아이들이 이런 결과를 얻을 수 있었던 원동력은 무엇이었을까요? 바로 아이들 스스로 고민하고 상상한 거대한 목표였습니다. 단, 목표가 거창하다고 해서 도구나 행동들도 거창해야 하는 것은 아닙니다. 도구가 지극히 일상적이고 평범하더라도 그것을 낯설게 바라보면 됩니다. 익숙함의 함정, 잘못된 메타인지에서 벗어나야 하는 것이죠. 아이들의 '창의력'을 세계 최고로 끌어낼 수 있는 메타인지. 이러한 메타인지를 통해 우리는 예전보다 훨씬 더 지혜로워질 수 있습니다.

아침 공부 출발,
목표를 먼저 생각하게 하라

아침 공부를 시작할 때, 나 자신과 아이 모두 '꿈'을 그릴 수 있도록 자극을 주세요. 공부 분량과 진도, 내용을 넘어서 왜 이 공부를 하고 싶은지에 대해서 생각하는 거예요. 목표를 설정하고, 그 목표를 달성하기 위해서, 소중한 아침 시간을 어떻게 활용하면 좋은지를 아이가 충분히 생각할 수 있게 시간을 할애해야 합니다. 그런데 많은 부모들이 이런 과정을 생략하고 즉각적인 효과를 가져오는 가짜 공부만 시키려 합니다. 가짜 공부란 코앞에 놓인 암기 위주 공부를 의미해요.

아이와 처음 아침 시간 활용하기 시작했을 땐 저도 이런 생각을 미처 하지 못했어요. 그 시기로 다시 돌아간다면 반복적인 수학 문제 풀이 시간이나 영어 단어 암기 시간은 확연히 줄이고, 학교 공부 따라가기에 급급해하지 않고 좀 더 다양한 활동을 할 것 같아요. 특히 저녁 시간은 공부가 아닌 독서나 토론하는 시간에 더 할애하고요. 나름 초반엔 이런 마음이 있었던 것 같은데, 돌이켜 생각해 보니 저 역시 어쩌면 진도 나가는 데에 급급해했던 것 같아요. 하지만 아이의 꿈이나 목표에 대해 더 많은 대화를 하지 못한 점이 아쉽습니다.

만약 아침 시간에 학교 공부를 따라가기 위해 시간 할애를 계획했다면, 잠깐 멈추어 아래의 질문에 대해 생각해 보세요.

- **꿈을 꾸는 것이 왜 중요할까?**
- **꿈 없이 목표만 있는 사람들은 왜 창의적, 혁신적, 연결형 인간으로 성장하는 것이 어려울까?**

부모는 아이를 학교에서 만점 받는 아이로 성장하는 것 이상으로 인지적 부자로 성장하게 도와줘야 합니다. 아이들이

은유 연습을 자유롭게 할 수 있는 환경을 제공하는 것이죠. 앞의 실험에서처럼 '도구'를 먼저 보지 말고, 아이가 '목표'를 잘 세울 수 있게 말입니다.

로버트 기요사키의 《부자 아빠 가난한 아빠》를 읽으며, 부모는 부를 아이에게 물려주는 것뿐 아니라, 성공과 바른 가치관을 물려주는 게 무엇보다 중요하다고 생각했습니다. 《탈무드》에 나오는 유명한 격언 "자녀에게 고기를 잡아주지 말고 고기 잡는 법을 가르쳐라"라는 말에서도 알 수 있듯이, 유산이나 재물을 물려주는 일보다 돈의 가치와 소중함을 가르쳐야 하며, 스스로 돈 버는 방법을 깨치게 하는 것이 아이의 미래를 위해 더 필요합니다. 아이들이 공부하는 이유를 시험에서 만점을 맞기 위함이 아니라 노력과 태도의 중요성에 대해 깨닫길 바랐고, 시간과 관계의 중요성도 실제 느끼길 바랐어요.

아침 공부는 엄마와의 교감을 쌓는 기회이자 동시에 미래 설계를 위한 실천 단계라고 볼 수 있습니다. 돈이 많아야, 공부를 잘해야만 성공을 이뤘거나 행복한 것은 아니라고 생각해요. 실천해가는 과정에서 뿌듯함을 느끼고, '내가 참 괜찮은 사람이구나!'라는 생각을 자주 한다면, 이미 성공 가도를 달리는 것 아닐까요? 물론 행복한 감정도 자주 느낄 수 있을 것이고요.

아침 공부를 통해 엄청난 결과를 기대하지 않았습니다. 이 경험이 인생을 송두리째 바꿀 수 있다는 거창한 생각은 하지 않아요. 처음부터 꼭 대단한 목표를 세워야 하는 것도 아니라고 생각하고요. 하지만 계속 꿈을 꾸어야죠. 그러다 보면 뭐라도 하고 있는 나 자신을 발견할 수 있고, 이런 경험은 생각의 변화를 일으킵니다. 긍정적인 생각이 점점 나를 지배하더라고요. 하루에 한 시간만이라도 알차게 생활하면 1년이면 365시간이고, 5년이면 1,825시간, 10년이 쌓이면 3,650시간이잖아요. 만약 이것이 1시간이 아니라 2시간이었으면요? 이 시간 동안 나의 발전에 투자했다고 가정한다면, 우리는 더 나은 사람이 되어 더 나은 삶을 살고 있을지도 모른다고 감히 예상해 볼 수 있지 않을까요?

아이와 어떻게 대화해야 할까?

아침 공부를 위해 테이블에 앉으면 아이와 자연스럽게 수다를 나누곤 합니다. 종종 아이가 먼저 말을 걸어 이야기꽃을 피울 때도 있고, 제가 말을 걸어 공부에 집중하는 아이를 방해할 때도 있답니다. 동이 트는 시간을 함께하다 보면 진솔한 대화를 나눌 수 있어요. 어두운 새벽이 점점 밝아지며 함께 이 시간을 나누는 동반자 혹은 전우애 같은 기분이 들곤 해요. 이때 은근히 진심이 담긴 깊은 이야기를 나눌 수 있습니다.

아이와 나누었던 대화들을 소개합니다. 여러분 가정에서도

이와 같은 대화 주제로 아이들과 대화를 나눠보면 어떨까요?

자기계발의 의미는 뭘까?

엄마: 사람들은 너도나도 자기계발을 해야 한다고 하는데, 넌 이 의미가 뭐라고 생각해?

아들: 지식이나 재능을 발전시키는 거요. 지금은 모르지만 배움을 통해 내가 똑똑해지는 거죠. 그래야 나중에 하고 싶은 일을 잘 할 수 있게 되니까요.

엄마: 왜 사람들은 계속 자기계발을 해야 한다고 할까?

아들: 배움에는 끝이 없으니까요. 세상은 계속 변하니까 새롭게 배워야 하는 것이 넘쳐나잖아요.

엄마: 우리는 아침에 무얼 하고 있는 걸까?

아들: 자기계발이요. 학교 공부도, 독서도 다 나를 위해서 하는 거니까, 내가 발전하는 거니까 자기계발을 하는 거죠. 엄마는 글쓰기를 하고, 나는 초등학생 때 배워야 하는 걸 배우는 거니까요.

자기계발은 도전 정신, 발전하고픈 마음, 세상을 향한 나의 태도, 알고자 하는 욕구를 뜻합니다. 즉, 자신의 역량과 능력을 향상시키고, 잠재력을 최대한 발휘하며 더 나은 삶을 위해 지속해서 노력하는 거예요. 주로 지적, 신체적, 정서적, 사회적 측면에서 이루어집니다. 이를 통해 개인은 능력과 자신감을 올리고, 새로운 경험을 쌓으며 더 큰 목표를 향해 나아갈 수 있어요.

그렇다면 자기계발을 위해서 무엇을 해야 할까요? 가장 먼저 해야 할 일은 자기 자신을 이해하고, 자신의 강점과 약점을 파악하며, 개인의 가치관과 목표를 설정하는 것입니다. 이를 달성하기 위해, 학습과 경험을 통해 지식과 기술을 습득하고, 계획을 수립하며, 노력하여 목표를 이루어 나가는 거죠. 우리는 이런 과정을 학생일 때 지속적으로 경험했습니다. 이는 개인의 성장과 발전을 위한 매우 중요한 과정이며, 자기 잠재력을 최대한 발휘하고, 삶의 질을 높이는 일이기에 죽을 때까지 해야 하는 일이 아닌가 싶어요. 유년 시절부터 꾸준히 경험하고 탐구하며 개척해 나간다면, 점점 성숙한 지성인으로 성장할 수 있을 거예요.

지금 당장 학교 성적이라는 결과만 중요하게 생각해서는

안 됩니다. 과정을 통해 인생의 방향이 달라질 수도 있어요. 어제보다 노력한 오늘의 기특한 나를 시뮬레이션 해보며 오늘 하루도 성실히 생활한다면, 우리는 매일 자기계발을 하는 거겠지요?

아이와 함께 우리가 무엇을 위해 아침 시간을 활용하며 공부든, 독서든 다양한 활동을 하는지에 대해 생각해 보는 시간을 가져보세요. 아침 공부는 아이에게도, 저에게도 나에 대해 생각하는 시간을 제공했습니다. 결국 내가 원하는 인생을 펼쳐야 행복한 거잖아요. 그럼 내가 뭘 원하는지, 그걸 위해 무엇을 해야 하는지 스스로 생각해 봐야죠. 아이 역시 때로는 답하기 어려운 철학적인 질문을 하곤 합니다. 정확한 답을 찾을 수 없을 때는 함께 답을 찾아갑니다. 아이가 엄마나 선생님을 위해서가 아니라, 자신을 위해서 하는 행위라는 것을 충분히 이해할 때 아침 공부는 더욱 빛이 납니다.

공부는 왜 해야 해요?

한 번쯤 아이들이 물어보는 질문이지 않을까요? 쉬운 것 같으면서도 대답하기 참 어려운 질문입니다. 아이가 성장할 수록 '공부'란 단어가 내뿜는 힘은 긍정보다는 부정적인 시각을 갖게 합니다. 그래서 아이가 '공부'라는 단어에 대해 안 좋은 선입견이 생기기 전에 긍정적 이미지를 심어 주려 부단히 노력했어요. 아이들이 어렸을 때부터 재미나고, 새롭고, 몰랐던 것을 알아갈 때마다 '공부'라는 단어를 사용했습니다. 밥 먹는 법을 배우는 것도, 레고도, 보드게임도 요리도 다 공부라고 했지요. 새롭게 배우는 모든 과정을 '공부'라는 카테고리에 담았더니 아이들이 공부는 즐겁고 신나는 것으로 인식하더라고요.

아이들이 유치원 다닐 때 하는 손가락 놀이 게임이 있어요. 일명 젓가락 게임이라고 합니다. 이 게임은 숫자를 알아야 할 수 있는데요, 아이들이 친구들에게 배워와서 엄마랑 같이 놀고 싶어 하더라고요. 그럴 때 '젓가락 게임 공부해서 너무 뿌듯하다', '새로운 걸 또 공부하고 배웠더니 기쁘다'라는 식으로 대화를 나누었어요. 이런 게 일상생활에서 배우는 수학이라고 말해주면서 엄마에게 수학 게임을 알려줘서 즐겁게 수학 공부를 했다고 말해주었어요.

처음 영어 단어를 '공부'했을 때, 읽기를 장려했더니 자신이 없었는지 아이가 하고 싶지 않다고 하더라고요. 아무리 가정에서 '공부'를 긍정적으로 표현해도, 아이가 커가며 느끼는 공부에 대한 이미지는 좋을 때도, 마음이 불편할 때도 있을 거예요. 주변 친구들이 종종 "엄마가 공부시켜서 너무 싫다"는 식으로 말하는 것을 듣고는 아이가 저에게 물어보더라고요. 밥 먹는 것도 공부고, 샤워하는 방법을 배우는 것도 공부고, 영어도 공부인데 왜 싫다고 하는지 모르겠다고요. 이랬던 아이도 어느 순간 '공부는 하기 싫어하는 것'이 정당화되어, '원래 그런 것'처럼 치부가 될 때가 있습니다. 그래서 인식을 어떻게 잡느냐가 중요하다는 것을 깨달았죠. 공부는 죽을 때까지 즐겁고, 재밌게 무언가를 배우는 행위라고 계속 설득했습니다.

서두가 너무 길었는데 공부를 왜 해야 하냐고 물어보면, 매일 밥 먹고, 잠자는 것처럼 공부도 그냥 매일 하는 거라고 말합니다. 엄마도 육아를 매일 공부하고 있다며, 태어나서 저절로 아는 것은 없고 배우려 노력해야 잘할 수 있게 되는 것이라는 대화를 5만 번은 해야 아이가 그동안의 부모 말씀과 보고 자란 환경, 그리고 경험을 통해 스스로 깨닫는 게 아닌가란 생각이 들었어요.

아이가 "하기 싫다"라고 말하면 일단 공감을 해줍니다. 좋아하던 것도 한순간 싫어질 수 있는 것이 사람 마음인데, 어떻게 항상 좋을 수만 있겠냐는 말과 함께요. 매일 식구들을 위해 요리하고 설거지를 하지만, 때론 엄마도 하기 싫다고 생각한 적이 많다고 솔직하게 말해주었어요.

"엄마가 밥하기 싫다고 그냥 너희들 굶기면 될까, 안 될까?" 그럼 당연히 아이가 안 된다고 대답하겠죠? 인간은 태어났으면 죽을 때까지 배우는 행위를 매일 하는데, 그걸 통틀어서 그냥 공부한다고 말하는 것이라고, 물론 때론 하기 싫을 때도 있지만, 그냥 하는 것이라고 말해주어요. 숨쉬기 귀찮다고 숨을 안 쉴 수 없는 것처럼, 배우기 싫다고 안 배워지는 것이 아니라는 것을요.

학업과 관련된 것만이 공부라는 인식을 주기보다는, 몰랐던 것을 배우는 모든 것이 다 공부라고 했어요. 아이가 유치원생일 때는 '똥'과 비교하니 잘 이해하더라고요. 밥 먹으면 똥 싸는 것과 같이 자연스럽게 받아들이라는 식으로요. 습관도 이것과 연결했어요. 공부도 쉽게 이해할 수 있는 부분이 있고, 어려운 부분이 있다고 했어요. 공부 습관이 몸에 배면 자연스럽게 공부를 힘들어하지 않을 수 있고, 학생 때 습관을 잡는 것이 가장 효율적이라고 이야기를 해주었어요.

아이 스스로 원하게 하라

아이나 어른 모두 누군가가 시켜서 하기보다는 내 의지로 하기를 바랍니다. 상황뿐 아니라 말도 그렇답니다. 참 신기하게도 같은 말이라도 엄마가 하면 잔소리로 느껴지지만, 아이 스스로가 말하면 그런 느낌은 찾을 수가 없지요.

우리 모두 소통과 대화의 중요성은 어느 정도 인지하고 있지만 실천이 어렵습니다. 실천이 힘든 이유 중 하나는 아이의 기질이나 성향 파악을 못 해서일 수 있어요. 아이에게 어떻게 접근을 해야 하는지를 모르는 거죠. 게다가 아이는 계속 성장하며 자신의 인격체를 만들어 가기에 더욱 어려워집니다.

분명한 점은 대화 방법에 따라 부모 자식과의 관계가 달라질 수 있습니다. 건강하고, 기대에 부응하는 결과를 만들려면 어떻게 대화해야 할까요? 아이 성향에 맞는 맞춤형 대화법을 공부해야 합니다. 국내에서도 한참 붐이었던 MBTI 검사를 통해 같은 상황이나 사건을 보더라도 떠오르는 생각이나 말이 사람마다 다르다는 점을 목격하며 꽤 신기해했어요. 모든 사람은 다르다고 생각했지만, 이토록 다를 줄이야 싶었죠. 물론 사람들의 MBTI 결과가 종종 바뀌긴 하지만, 이 검사를 통해 가족 구성원의 성향을 파악하는 계기가 되기도 했습니다.

매번 전문가를 찾아가서 아이의 성향을 진단받을 수 있는 것도 아니고, 그런다 한들 계속 변하고 성장하는 아이들이기에 금세 달라지지요. 어제와 또 다른 오늘을 사는 아이들이잖아요. 사춘기 시기엔 감정의 폭풍전야를 매일 느끼게 됩니다.

첫째 아이와의 대화를 통해 여러 번의 시도를 해보면서, 아이가 어떤 성향이든, 어떤 MBTI를 가지고 있든 해당되는 기본적인 공통분모를 찾았어요. 부모가 아이에게 바라는 일을 최대한 아이 입에서 직접 나올 수 있도록 유도하는 대화를 하면 반감이나 거부 반응이 덜하다는 점이요. 이런 방법으로 소통하지 않았다면, 아이는 대화가 아닌 훈계와 일방적인 요구 또는 간섭으로 느낄 수 있어요.

아이들이 어릴 때는 부모 말을 잘 듣는 순종적인 아이처럼 행동하지만 자기 정체성을 고민하게 되는 사춘기 시기가 오면 그때부터 갈등이 시작됩니다. 어쩌면 그 전부터 시작되었을지도 몰라요. 소통 방식에 따라 순탄하게 사춘기 구간 터널을 지날 수도 있고, 전쟁 같은 시기를 보낼 수도 있습니다.

아이의 생각을 끌어내는 질문 활용법

아이 입에서 직접 부모가 하고 싶은 말이 나오도록 유도하려면 어떻게 해야 할까요?

제가 노력했던 대화법 중 하나는 의견을 물어보는 거예요. 아이에게 생각할 시간을 주고 답을 기다립니다. 답이 당장 나오지 않을 수도 있어요. 하지만 기다려주고 최대한 아이의 의견을 반영했어요. 결국 당사자가 해내야 하는 거잖아요. 아이가 자기도 뭘 원하는지 모르겠다고 하면 부모 의견을 따르는 것도 방법이지만, 그럼에도 계속 스스로 생각해 보라고 했어요. 자기 자신을 알아가려 노력하는 시간과 과정을 충분히 경험해야 스스로 내린 결정에 책임감도 느낍니다. 평생을 거쳐서 약속을 지키는 연습, 조절하는 연습을 해나가야 합니다.

"교육에는 왕도가 없다"라는 말이 있죠. 아이들은 학습 스타일, 흥미, 능력, 배경이 모두 다르기에 다양한 교육 방법과 전략이 필요합니다. 가장 가까이에서 아이를 관찰할 수 있는 부모는 아이가 스스로 생각하게 만들고, 아이에게 최대한 선택권을 주는 것을 목표로 삼아야 합니다.

아이 마음에 멋진 사람이 되고 싶다는 불씨를 지핀 대화를 나눈 적이 있어요. 저는 대화를 통해 아이가 학교 친구와의 관계를 중요하게 생각한다는 것을 알게 되었어요. 어떤 친구와 친하게 지내고 싶고, 그 친구도 나를 좋아했으면 좋겠다는 아이의 마음을 알게 되었어요. 저학년 때는 '학교생활 = 친구와의 관계'처럼 느낀다는 것을 발견했죠. "학교에서 어떤 학생이 인기가 많을까?"라는 질문에 아이는 뭐든 잘하는, 좋은 친구를 좋아한다는 답을 하더군요. 좋은 친구의 의미는 친절한 친구, 말을 잘 들어주는 친구, 공부 잘하는 친구, 줄넘기나 축구 잘하는 친구 등등을 내포하고 있어요. "그럼 너는 친구들에게 인기 있는 아이가 되고 싶어?"라고 물어보니, 그렇다고 하더라고요. 자연스럽게 친구들의 호감을 얻으려면, 나는 어떤 사람이어야 하는지 등 인성이나 학업에 대한 아이의 생각을 들을 수 있어요. 아이가 어찌나 바른말만 골라서 하는지 깜짝 놀랐죠.

한 번은 아이가 1학년이었을 때, 학교 규정을 왜 따라야 하는지에 대한 대화를 하다가 지각에 대한 주제로 깊은 대화를 나눈 적이 있어요. 혹시 이 문제로 아이와 대화를 나누고 싶은 부모님이라면 제가 했던 방법을 참고해 보세요. 그럴 때도 이래라저래라 대화법이 아니라 아이에게 물어보는 화법을 사용해야 합니다. 예를 들어, 아이가 지각하지 않아야 하는 이유, 즉 선생님께서 요구한 시간 안에 등교하는 것이 왜 중요한지에 대해 이야기할 때는 이런 질문을 할 수 있겠죠.

"왜 우리는 지각하면 안 되나요?", "지각하는 친구를 좋아하는 친구나 선생님이 계실까요?", "다른 친구가 지각할 때 ○○는 어떤 생각이 드나요?"

그러면 아이는 지각하면 안 되는 여러 가지 이유를 이야기해요. 이때 중요한 것은 부모가 먼저 이야기하지 말고, 아이의 생각을 들어주는 거예요.

저희 아이는 지각하면 수업에 방해가 되고, 수업 시작 전 책 읽는 시간을 활용 못 하고, 친구들이 다 자리에 앉아 있는데 혼자 교실 문을 열고 들어가는 것이 창피하고, 선생님이 꾸중하실까 걱정된다고 하더라고요.

이런 대화를 해서였을까요? 지각은 전혀 문제가 안 되었어요. 학교는 당연히 시간 안에 가는 거고, 열심히 배우고, 친구들과 잘 지내는 공간임을 자연스레 깨달은 거죠.

부모가 아이에게 바른말을 할 때 아이들은 이를 잔소리로 들을 확률이 높아요. 하지만 아이가 직접 자기 생각을 이야기하면 그때는 더는 잔소리로 받아들이지 않아요. 아이들은 이미 다 알고 있어요. 오히려 아이의 의견을 들어주는 부모의 모습을 통해 존중받는 기분이 들어 더 책임감 있게 행동할 수 있다고 믿어요.

학교 규정이든, 공부에 관해서든 부모의 생각을 주입하기보단 아이의 생각을 더 이끌어내는 대화를 어려서부터 꾸준히 한다면 '왜 공부해야 하는지', '책을 읽어야 하는 이유' 등을 스스로 생각하며 성장할 가능성이 높습니다. 질문을 통해 생각하는 훈련을 키워주세요. “어렸을 때 공부 안 하면 나중에 어른이 되어서 큰일 나!”라는 검증되지도 않은 겁주는 멘트보다 공부 정서를 챙겨주는 유연한 대화를 이끌어보는 거예요.

아침 공부 역시 아이들과 충분한 대화를 통해 아이 입에서 “한번 해보고 싶어요”와 비슷한 의견을 통해 실천하는 것이 가장 바람직하겠지요? 그럼 적어도 ‘엄마아빠 때문에, 부모님이 시켜서, 어쩔 수 없이, 억지로’라는 원망보다는 ‘나를 위해 뭔가 시도해 보는 중, 발전하는 중’의 긍정적인 동기를 자극할 수 있을 거예요. 당연히 전자보단 후자가 성공 가능성이나 지속가능성이 상당히 높겠지요?

● MISSION ● 아이와 함께하는 아침 대화 주제

- 공부는 왜 할까?
- 저녁에 일찍 자야 하는 이유는 뭘까?
- 내가 바라는 모습에 다가가기 위해 지금 해야 할 일은 무엇일까?

타인의 인정과 자기 인정 사이에서 균형 찾기

아이들의 잘하고 싶어 하고, 인정받고 싶어 하는 마음을 적당히 자극하는 건 좋다고 생각해요. 타인의 인정과 자기 인정은 상호보완적인 요소로 매우 중요합니다. 저는 아이가 타인의 인정뿐 아니라 자기 인정에 더 귀 기울이길 바랐어요. 자신을 인정하고 스스로를 이해하는 것은 강력한 자아계발과 성장에 큰 도움이 돼요. 자기 인정을 키우는 것은 자기를 이해하고 받아들이는 과정, 즉 자기 성찰과 자기 수용, 더 나아가 긍정적으로 나와 소통하고 내면의 목소리를 듣는 훈련을 하는 거예요. 저는 아이가 이 과정을 가정에서 먼저 충분히 경험하길 바랐어요.

아이들을 키울 때 누군가는 칭찬은 고래도 춤추게 하니 아이들에게 칭찬을 많이 해주라 하고, 또 누군가는 지나친 칭찬은 아이를 망칠 수 있다고 합니다. 뭘 어쩌라는 거냐는 볼멘소리가 절로 나올 때가 있어요. 저 역시 이 문제를 고민한 적이 있고요. 결론은 타인의 인정과 자기 인정의 균형을 적절하게 유지하는 것이었습니다.

자기 인정 키우는 법

타인의 인정, 즉 남의 칭찬에만 무게를 실으면 어느새 덜 인정받고 덜 칭찬받는다고 느낄 때, 자신도 모르게 의기소침해지고 의욕이 안 생길 수 있어요. 타인의 인정에만 목말라하면 스스로 쉽게 지칠 수도 있고요. 타인의 인정은 우리가 사회적으로 상호작용하는 데 필요한 요소이지만, 내부적인 성장과 개발을 이루는 데 더 건강한 방법은 자기 인정을 키우는 것입니다. 자신을 완벽하게 바꾸려 애쓰는 대신, 자신을 사랑하고 존중하는 자세를 갖춰야 합니다. 자신의 강점과 성취를 인정하고 기억하는 거죠. 어려움을 극복하고 성취해 나가는 과정을 통해 자연스레 자신감이 향상되고, 이를 통해 자기 인정이 강화돼요. 타인의 인정보다 자기 인정이 더 중요해지는 시점이 되면 타인의 칭찬은 덜 필요해집니다. 남에게 잘 보이고 싶어서, 남을 위해서가 아닌 나를 위한 삶, 나의 발전을 위해 시간 투자와 노력을 하게 돼요. 주체적인 삶을 비로소 살게 되는 겁니다. 어렸을 때부터요.

아침 공부를 하며 저는 자주 아이의 기분이나 상태를 물어봤어요. 그리고 그 감정을 기록하라고 조언해 줬죠. 처음에는 엄마에게 칭찬받고 싶어서 아침 공부를 시작했을 수 있지만, 지속 가능하게 한 것은 자기 인정과 자기 돌봄이었을 거예요. 새벽 시간에 일어나는 것도, 독서든 학습을 하는 것도 결국 아이의 몫이니, 타인의 인정보다는 자기 인정에 무게를 더 두며 발전해 나갈 수 있게 지도해 보세요.

무엇이 아이를 움직이게 할까?

상호성의 원칙에 대해 들어보신 적이 있나요?《설득의 심리학》에서 원칙이라 일컫는 사람의 심리를 6가지로 정리해요. 상호성의 원칙, 일관성의 원칙, 사회적 증거의 원칙, 호감의 원칙, 권위의 원칙, 희소성의 원칙입니다.

이 중 '일관성의 원칙'은 일단 어떤 선택을 하거나 견해를 밝히면, 우리는 스스로나 다른 사람에게 기존의 태도와 일관성을 유지해야 한다는 압력을 받는다는 심리에요. 자신이 이미 한 말이나 행동에 일관성을 유지하려는 욕망이 있다는 것이죠. 이 심리를 아침 공부에 활용해 보면, 목표를 적어서 책상에 붙인다거나, 또래 친구 또는 동생들과 함께 아침 공부를 하자는 목표를 세우는 거예요. 저희 아이는 유튜브 〈MM Study〉 채널을 통해 Study with Me 방송을 했어요. 이때의 키워드는 '함께'인 거죠. 함께 공부하는 데 내가 빠지면 안 되잖아요?

일관성을 지키고 싶은 아이의 마음 응원하기

자신이 세운 목표를 일관성 있게 유지하려는 마음 때문이었는지 아이는 놀랍게도 1년 동안 꾸준히 아침 공부 방송을 송출했어요. 그걸 지속하게 한 힘은 자신과의 약속이기도 하고, 다른 사람에게도 일관성 있는 태도를 유지해야 한다는 책임감일 수도 있습니다. 덕분에 중도포기할 하루쯤 넘길 수도 있었던 아침 공부를 매일 할 수 있었던 것 같아요.

1년간 송출해서 구글 애드센스를 통해 번 돈을 기부하며 3가지 좋은 효과를 얻기도 했습니다. 첫째는 '공부하며 나의 발전'을 경험했고, 둘째는 '다른 이에게도 좋은 영감'을 주어, 함께 시청하며 아침 공부를 한 가정이 있다는 사실에 뿌듯함을 느꼈고, 셋째는 수익금으로 도움이 필요한 사람에게 기부했어요. 수익이 7만 원 정도였는데, 감사하게도 저희 채널과 공부한 어느 가정에서 함께 기부에 동참해 주어 좋은 일을 더할 수 있어 모두 뿌듯함을 느꼈답니다.

저 역시 아침형 인간이 아니었기 때문에, 아침에 일어나는 행위만으로도 힘들었고, 지금도 종종 갈등합니다. 〈MM Study〉 채널을 시작하며 알게 모르게 일관성의 원칙이 작용했을지도 몰라요. 책임감도 느꼈던 것 같고요. '일관성'이 중요하지만, 아이에게 완벽을 추구하지 않아도 된다는 메시지를 주기 위해 '늦잠 쿠폰'을 만들기도 했어요. 우리는 완벽하고 절대 약속을 어기지 않는 사람을 만들려는 것이 아니라, 좋은 태도와 습관을 가지려 노력하는 거니까요. 아이 자신도, 부모도 잘 못해도 시도해 보려는 소중한 마음을 알아주고, 노력에 대한 인정을 끊임없이 해주는 거죠. 타인의 인정과 자기 인정의 밸런싱을 경험하면서요. 단기간의 실천이 아니라 장기 프로젝트로 이끌어나갈 수 있도록 말이죠. 며칠 못했다고 좌절과 자기혐오의 나락으로 빠지지 않고, 잠시 쉬어 가기도 하고, 본래의 페이스로 돌아오는 일은 유연함과 일관성을 적절히 융합해야지만 가능합니다.

우리는 어떤 판단을 할 때, 스스로 하나하나 따져서 선택하기보다 주변 사람의 의견에 따라 선택할 때가 더 많다고 합니다. 아이에게 가장 가까운 사람은 바로 부모예요. 부모의 의견과 견해가 아이들에게 심리적으로 큰 영향을 주는 것도 이 때문이고요. 결국 아이가 자발적으로 자기 발전을 하고 싶다는 마음을 가질 수 있도록 적당한 자극과 동기부여를 주어야 합니다. 인내와 칭찬, 믿음으로 대폭적인 지지도 필요하고요. 부모를 위해서가 아니라 아이 본인을 위해 무얼 해야 좋은지 끊임없이 질문할 기회를 주세요.

아이 연령에 따른 아침 공부 성공 전략

저는 아이와 어떤 사람으로 성장하고 싶은지에 대해 자주 대화를 나누어요. 일찍 일어나서 무엇을 하고 싶은지도요. 아이는 성장하면서 꿈도, 하고픈 활동도 계속 변합니다. 저는 이런 변화를 발전이라 생각하며 즐기는 중이에요.

초등 저학년 아이의 아침 시간 활용

아이가 초등 저학년일 때의 목표는 스스로 등교 준비해서 학교에 가는 것이었어요. 초등학교 입학했을 때 꼭 배워야 하는 것은 스스로 준비하고 등교하는 거예요. 스스로 하는 등교 준비에는 책가방 싸기, 숙제 챙기기, 마신 물병 싱크대에 놓기, 알림장 엄마께 전달하고, 선생님으로부터 전달받은 중요한 정보 엄마께 말씀드리기 등이 있어요. 자기 돌봄의 시작인 거죠.

책가방 싸기는 잠들기 전에 할 수도 있고, 다음 날 아침, 등교 전에 할 수도 있어요. 일단 아이 스스로 실천해 보고, 더 나은 방법을 찾아가는 과정을 기다려주었습니다. 실천 방법에 정답은 없으니까요. 그러고 나서 반복적인 행동을 통해 습관을 만들어 가는 거죠. 이런 사소한 일을 성취하면서 '난 학교생활 준비를 잘하는 형님이 되는구나!' 더 나아가 '난 괜찮은 아이구나'라는 긍정적인 평가를 하며 자존감이 높아지고, 용기가 생겨 다른 일에도 도전하고픈 원동력도 생길 수 있어요. 독립적인 아이로 성장하는 것은 물론이고요. 스스로 할 수 있는 것들이 하나둘 늘어나는 거잖아요. 시작은 유치원 때부터였지만 초등학교 1학년부터 책임감을 느끼고 충실히 수행하도록 지도했어요.

초등학교 저학년 때는 학습 활동보다 바른 생활 습관 잡기가 더 우선이라 생각해서 첫째가 1~2학년일 때는 생활 습관에 더 중점을 두었습니다. 목표는 등교 시간 지키기였습니다. 그러려면 일찍 일어나야 했기에 자연스럽게 아이와 스케줄 이야기를 나누게 되었지요.

1. 등교 준비에 걸리는 시간 체크하기

스케줄을 짤 때 고려한 내용이에요. 아침밥을 먹는 데에 걸리는 시간을 대략 계산해요. 옷 입고, 양치질하는 시간도요. 학교 교실에 몇 시 몇 분까지 가야 하는지, 그러려면 교문 정문은 몇 시에 통과해야 하며, 집에서는 몇 시에 출발해야 하는지를 선호하는 시간과 적어도 이때는 출발해야 하는 시간 2가지를 계산합니다.

등교 전에 하고 싶은 활동도 나열해 봅니다. 준비하는 데에 걸리는 시간을 산출하고, 아침에 뭔가 하고 싶다면 그 시간도 계산해야겠지요. '내가 적어도 이 시간에는 일어나야 하고 싶은 일과 해야 하는 일을 다 할 수 있구나'라고 깨닫게 돼요. 이러한 작업과 경험, 실천을 반복합니다. 반복적인 실천은 습관을 만들어 가는 과정이니까요.

2. 잠자리에 드는 시간 고정하기

둘째가 초등학교에 입학했을 땐 첫째 때보다 마음과 시간의 여유가 생겼고, 첫째와의 경험으로 인해 둘째와는 좀 더 편하고 쉽게 아침 시간 활용을 할 수 있게 되었어요. 둘째는 첫째보다 야행성 기질이 더 강했고, 체력이 좋아 에너지가 남아돌 때가 많았지요. 당연히 일찍 잠들기를 거부하는 날도 있었습니다. 첫째가 더 어렸을 땐 다 같이 비슷한 시간에 잠들었지만, 둘째의 취침 시간과 첫째의 취침 시간의 차이가 벌어지면서 둘째도 첫째처럼 더 놀다 자고 싶어 하더라고요.

요즘은 둘째의 기상 시간에 초점을 두지 않고, 취침 시간에 더 집중하고 있어요. 늦은 시간에 자면 늦게 일어나는 것은 당연하니까요. 초등학교 1학년인 둘째는 10~11시간 정도 숙면이 필요한 아이입니다. 보통 저녁 8~9시 사이에 잠이 들고 아침 6시~7시 사이에 일어나는 편이에요. 둘째는 아침에 활동하고 싶은 것이 그때그때 다른데요, 독서를 할 때도 있고, 수학이나 영어 학습을 할 때도 있어요. 뭐 하나 규정짓지 않고 하고픈 활동을 하도록 장려하고 있어요.

지금은 일찍 일어나 건설적인 무언가를 하고 등교하는 것에 뿌듯함을 느끼면 그걸로도 충분하거든요. 무엇을 얼마나 많이 했는가에 초점을 두지 않고, 무언가를 하고 나서 아이의 기분이 어떤지에 계속 초점을 두고 있어요. '책을 읽어라', '수학 문제를 풀어라'라는 요구 대신, 아이가 무얼 하고 싶은지, 하고 나서의 기분은 어떤지 대화해 보세요. 아이는 신기할 정도로 점점 일찍 일어나서 알아서 공부하게 될 거예요. 어쩌면 엄마와 오빠가 이미 이러한 생활 패턴을 가지고 있어서, 자연스럽게 체득하게 된 것일지도 모르겠습니다. '원래 이렇게 하는 거구나' 하면서요. 이게 제가 제일 바랐던 바예요. 제가 아침 공부를 시작한 이유이기도 하고요.

초등 고학년 아이의 아침 시간 활용

첫째는 고학년이 되어서도 취침 시간은 저학년 때와 비슷했어요. 대략 30분 정도 더 늦게 잠자리에 드는 정도였지요. 저녁 8시~8시 반 사이에 불을 끄고 잠을 청했고, 새벽 5시에 일어난 적도 있습니다. 6시부터 공부 목표를 세웠을 때는 5시 45분~50분에 일어났어요. 아이의 생각이나 컨디션에 따라 스케줄 조정을 지속적으로 했어요. 기분 내키는 대로 바꾸었다기보다는 시간을 설정하고 시도해 보다가 아니라고 생각되면 스케줄을 조정하고 다시 시도해 보는 식이었어요.

초등 고학년 때의 안정적이고 꾸준한 일정은 아침 6시부터 8시까지, 2시간 정도 공부를 하는 것이었어요. 매일 아침의 2시간이 쌓여 일주일이 지나면 14시간이 되고, 1달이면 420시간이라는 아침 공부를 한 셈이에요.(이때는 코로나로 온라인 수업이 주를 이루던 때라 아침에 시간을 좀 더 많이 할애할 수 있었어요.) 아침 시간에만 쌓은 시간이 이 정도예요. 저학년 때와는 달리 오후에도 시간을 확보해서 독서나 공부를 했는데, 그 시간의 합도 무시 못 할 만한 숫자이지요. 교과 관련해서는 사교육을 많이 받은 편이 아니라 오히려 학습량에 부담을 덜 느끼며 진행할 수 있었고, 시간적 여유가 많아 책도 꽤 읽을 수 있었습니다.

첫째의 초등 중학년 때와 고학년 때의 공부량을 비교하면 큰 차이를 볼 수 있어요. 처음 시도했을 땐 시동을 거는 느낌으로 자기 자신을 탐색하며 시행착오를 경험했다면, 1년 정도의 시간이 누적되어 고학년이 되니 그동안의 공부량이 상당히 많았음을 저도 아이도 깨달았어요. 처음부터 작정하고 선행을 하거나 다독을 목표한 것은 아니었지만 꾸준히 하다 보니 어느덧 진도도 많이 나가 있었고, 읽은 책의 권수가 꽤 쌓이더라고요. 엉덩이도 꽤 무거워졌고요. 매일 실천의 중요성을 체감했죠. 주말도 예외 없이 평일처럼 아침 공부를 했어요. 우리가 매일 밥을 먹듯 나의 발전을 위해 매일 공부하는 것이 당연하다고 생각했어요.

아침 공부를 진행하며 늘 스케줄을 짜고 기록했는데, 맹목적인 목표만 세우고 나를 질책하는 것이 아니라 나와 사이좋게 지내기 위한 실천 가능한 스케줄을 세웠어요. 무계획으로 보내는 하루와 스케줄을 짜고 달성하려 조금이라도 노력한 하루의 질은 상당히 다르거든요. 그동안 짰던 스케줄표는 하나도 버리지 않고 보관하고 있어요. 공부 성과나 결과가 어찌 되었든 간에 노력했던 시간은 아이 삶의 일부분이고, 이러한 성공 경험은 당장은 아닐지라도 인생을 살아가면서 분명 큰 도움이 될 거라 생각해요.

변수 앞에
느긋해지기

많은 가정에서 아침 공부를 시작했으나 지속하지 못하고 중도 포기할 수도 있습니다. 물론 누구나 아침 시간 활용을 잘하다가 생활 패턴이 갑자기 흩어질 때가 있지요. 부모도, 아이들도요. 당연히 저희 가정에서도 경험했습니다. 앞에서도 언급했지만 저는 종종 '늦잠 쿠폰'도 사용했던걸요.

이때는 좌절하거나 죄책감을 느끼는 대신 개선 방안을 모색하는 것이 중요해요. 아이와 함께요. 저처럼 부모인 나부터 실천하기가 어렵다고 느낀다면, 아이에게 솔직하게 터놓고 대화해 보세요. 사실 엄마도 이른 아침 기상이 쉽지 않고, 매번 성공하기 어려울 수 있지만 노력해 보겠노라고요. 아이가 늦잠을 잤다고 질책하거나 죄책감을 느낄 수 있는 언행은 절대 금지입니다. 아이에게 도움이 되고자 하는 말이라 생각할지 몰라도, 아이에겐 독이 될 가능성이 매우 높기 때문이에요. 성공 여부가 아니라 노력하는 과정에 함께 기뻐하고 뿌듯해해야 합니다.

생활 패턴이 흩어졌을 때마다 초심으로 돌아와 다시 시작하세요. 우리는 실패한 것이 아니라 잠시 숨을 고르는 중이에요. 실천할 수 있는, 나에게 맞는 스케줄이 탄생할 때까지 시도와 실패를 경험하는 거예요. 실패 없는 성공은 없다고 생각하며 그냥 하세요.

물컵에 물이 반 정도 있을 때, 어떤 사람은 "컵에 물이 반밖에 없네"라고 반응하고, 또 어떤 사람은 "물이 절반이나 있네"라고 반응해요. 비워진 반half-empty을 바라보는지 차 있는 반half-full을 바라보는지에 대한 이야기는 세상을 어떤 시각이나 관점에서 바라보는지를 말할 때 인용되는데요. 아침 공부를 실천할 때도 물컵을 생각하면 좋을 것 같아요. 이제부터 '실패'라는 단어 대신 '재정비 중' 또는 '다시 시도 중'으로 단어만 살짝 전환해도, 실천 가능성이 올라갈 수 있어요.

아프거나 가족 행사, 여행과 같은 예외 상황도 고려해야 합니다. 아이의 나이와 시기에 맞는 활동 범위 또한 잊지 마세요. 부모는 아이를 훈계나 지도가 아닌, 서포트해 주는 역할을 수행해야 합니다. 평생 프로젝트라 생각하면, 하루이틀 삐끗한다고 대세에 큰 영향을 주지 않는다고 생각될 거예요. 여유를 갖고 실천해 보세요.

● MISSION ● 저학년 · 고학년의 아침 공부 목표

- 아이가 좋아하는 과목은 무엇인가요?
- 잘하고 싶어 하는 과목은 무엇인가요?
- 잘 못하는 과목은요?
- 왜 좋아하고, 잘하고, 못하는지를 상의해 보세요.
- 과목을 골고루 잘해야 하는지에 대해 인지하고 있는지 파악하며 대화를 시도하세요.
- 좋아하는 과목부터 공부하고 싶은지, 못하는 과목부터 하고 싶은지 상의 후 스케줄 및 목표를 세워보세요.

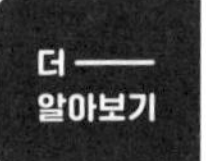

아이와 함께하면 좋은 활동들

부모의 인정과 따뜻한 말 한마디는 아이의 성품과 자존감에 큰 영향을 줍니다. 아이와 좋은 관계로 동반 성장을 하는 가장 좋은 방법은 아이와 시간을 함께하는 것입니다. 몸과 마음, 온 정신이 다 함께 있는 것이요. 저희는 어려서부터 함께 노는 활동을 많이 했습니다. 잘 노는 게 진정한 공부라는 말도 아낌없이 했고요. 공부도 놀이로 경험하게 했어요. 알아가는 즐거움. 이게 공부이고 놀이니까요. 학습을 위해 책과 교재도 활용하지만, 그 전에는 보드게임을 더 많이 활용했습니다. 국어, 수학, 영어, 과학, 사회 역시 놀이식으로 친밀감을 유지하며 기쁘게 진행했어요. 초등학교 1학년 아이에게 공부하자는 말보다 게임하고 놀자는 말을 더 많이 합니다. 집에서든 밖에서든요. 아침 공부를 잘 마무리하고, 온종일 아이와 신나게 열정적으로 놉니다.

집에서 하는 게임

- **국어 / 사회**
  - 한글 카드 (직접 제작해서 아이와 함께 만들고 난 후 게임 규칙을

우노와 비슷하게 만들어 학습 활동을 게임으로 했어요.)

- 고피쉬 한자, 한국사, 사자성어, 속담, 사회

• 영어

영어 단어, 파닉스, 사이트 워드 등을 게임을 통해 배우는 학습 도구예요. 특히 스크래블은 영어 어휘력 확장에 도움이 되어 많은 영미권 가정에서 즐겨하는 게임입니다.

- 스크래블, 바나나그램, 파닉스 자석 블록

• 수학

수학의 첫 만남을 재미로 시작하길 바랐고, 다소 지루할 수 있는 연산 문제집보단 게임으로 빠른 연산 실력을 키웠어요. 미국 가정에서 보드게임을 많이 하며 성장한 좋은 추억으로 인해 아이들과도 즐겁게 활동하고 있습니다.

- 우노, 부루마블(모노폴리와 비슷한 게임), 루미큐브, 더블 셔터

• 그 밖의 재미있는 로직 게임

- 다빈치 코드, 스플렌더, 고슴도치 대탈출, 헤엄치기 대소동, 바둑 / 오목, 체스, 그래비트랙스

시중에 판매되는 게임도 좋지만 아이와 창의적으로 게임을 함

께 만들 수도 있습니다.

몸놀이

가족 간의 몸놀이는 매우 중요합니다. 특히 어렸을 때 더욱이요. 가족간의 유대감을 증진하고 건강을 촉진하는 등 다양한 이점이 있습니다. 그중 부모와의 풍부한 대화와 소통의 기회가 생겨 부모에 대한 신뢰와 믿음이 생깁니다. 이때, 학업에 관해 대화를 나눌 시기에는 이미 돈독한 관계이기 때문에 수월하게 소통을 할 수 있습니다. 서로를 지지하고 이해하는 튼튼한 연결고리를 만들어 내는 가장 좋은 방법은 아이와 함께 열심히 놀아 긴밀한 유대감을 형성해 놓는 것입니다.

- 저녁·주말 산책, 자전거 타기, 등산, 배드민턴, 자기 전 줄넘기 배틀, 스트레칭, 요가, 마사지

Chapter 3

아침 공부는 환경이 중요합니다

당신의 습관은 당신의 정체성을 형성하며,

당신의 정체성은 당신의 습관을 형성한다.

Your habits shape your identity, and your identity shapes your habits.

– 제임스 클리어James Clear

부모에게 필요한 11가지 시간 관리 실천법

여러분은 시간을 어떻게 관리하나요? 오늘 하루는 어떻게 보냈나요? 하고자 하는 업무들이 있었나요? 이를 달성했나요?

아침 시간을 잘 활용하려면 하루 전날, 더 구체적으로는 전날 저녁 시간을 관리해야 합니다. 전날 무엇을 하느냐에 따라 다음날의 아침이 결정됩니다. 아침 공부를 실천하기 위해서는 전날 시간 관리가 필요해요. 시간 관리를 위해 제가 하는 방법 11가지를 나열해 보겠습니다.

생각의 전환 :

시간의 주인은 나다

늘 시간에 쫓기는 허둥지둥 라이프를 졸업하고 싶다면 시간의 주인으로 우뚝 서야 해요. 시간의 주인이 되는 방법을 알려드릴게요. “시간이 없다”라는 말 대신 “내가 가진 이 시간은 오롯이 나의 것이다”라고 생각합니다. 물론 느낌이나 상황상 시간을 내 맘대로 사용 못 하는 기분이 들 수도 있어요. 회사에 출근하거나 아이를 돌봐야 하는 등 여러 가지 이유가 있죠. 이때 ‘어쩔 수 없어서’라는 말만 되풀이하지 말고, ‘그럼에도 생산적이고 효율적으로 시간 활용을 할 수 있는 자투리 시간’을 만드는 거예요. 예를 들어, 회사생활로 운동할 시간이 없다고 생각하지 말고, 점심시간에 계단 오르기를 하는 거죠. 육아로 정신없이 바쁘더라도 아이와 놀아줄 때 스트레칭을 의도적으로 해보거나요. 즉, 시작을 못 해서 할 수 없는 일들을 ‘어쩔 수 없어서’라는 핑계가 아닌 ‘나의 소중한 시간인데 Why Not?’이라는 관점으로 바꾸면, 하루를 쪼개어 사용할 수 있습니다. ‘시간의 주인은 나다’라는 주인 의식을 바탕으로 태도를 바꿔보세요.

Yes or No를 확실히 구별하고 결정하는 것

어쩔 수 없이 모임에 나가야 하는 상황을 가정해 봅니다. 가자니 시간이 아깝고, 안 가자니 욕먹을 것 같은 애매한 상황이요. 많은 분이 불필요할 정도로 상대방을 배려하느라 거절을 못 하는 상황을 종종 목격하는데요, 저는 오히려 No를 잘 해야 한다고 생각해요.

내 시간의 가치를 생각하면서 Yes를 할 것인가, No를 할 것인가를 결정하세요. 남이 어떻게 생각하는지는 결정의 고려 대상이 아니에요. 남이 내 시간을 좌지우지하게 두지 말고, 오롯이 내 생각으로만 판단해 보세요. 시간이 지나면 대부분 잊힐 약속이고 부탁이었을 거예요. 예의를 지키지 말라는 것이 아니에요. 그저 불필요한 시간 낭비를 No를 못 해서 행하는 건 시간이 아깝잖아요.

To-Do List 만들기

해야 할 일 목록, 'To-Do List'를 만들어 보세요. 저는 단순히 할 일만 나열하는 것이 아니라, 역할에 따른 To-Do List를 분리해서 작성해요. 역할에 따라 해야 하는 일을 나열하면 좀 더 실천 가능성이 높아집니다. 단순히 기억력에 의존하지 않고, 계획을 세우고 추적할 수도 있고요. 정신없는 날이나 정반대의 느슨한 날에는 작성해 놓은 To-Do List를 참고해서 체크 표기를 합니다. 이 과정을 통해 동기부여를 얻고 집중력을 발휘하려 노력해요. 어느 정도 루틴으로 자리 잡은 일들도 동시에 여러 가지 일을 하다 보면 잊어버릴 수 있거든요.

저는 다양한 직업을 가지고 있어요. 유튜버, 카페 매니저, 작가, 개인사업자, 그리고 엄마. 각 역할의 업무를 따로 작성해 놓는 것이 역할에 따른 To-Do List입니다. 매일 작성하는 시간을 단축하기 위해 노션notion이라는 앱을 사용하고 있어요. 노션은 스마트폰은 물론 PC, 태블릿 PC 등에서 쉽게 호환이 되어 사용하기 편리합니다. To-Do List는 2가지로 만들 수 있어요. 예를 들어 매일 꼭 해야 할 일과 단타성으로 발생하는 일들이요. 들쑥날쑥한 아이들 픽업 시간은 요일 별로 정리하여 To-Do List에 기재합니다. 매주 화·금에는 유튜브 영상 업로드라는 할 일을 표기해 둡니다. 체크 표기를 하고 나면 해냈다는 희열감이 강하게 느껴집니다. 집 안의 소모품 수리를 위한 기사의 방문 시간이나 차 점검을 위해 1년에 1번 잡는 서비스 예약도 기재해요.

노션을 활용한 To-Do List

Schedule

Monday: 미자모

- Highlight: 영상 촬영
- Grateful: 건강한 아이들
- Let go: 덜 정리된 집

유튜브

- [x] ~~영상 편집~~
- [x] ~~쇼츠 제작~~
- [x] ~~썸네일~~

미자모

- [x] ~~서평 당첨자 발표~~
- [x] ~~서평 이벤트 공지 및 문의~~

사업

- [ ] 홈페이지 제작 알아보기

개인 & 글쓰기

- [x] ~~산책 30분~~
- [ ] 조판원고 작업

가족

- [ ] 민결 픽업 3시15분
- [ ] 피아노 4시반
- [x] ~~세금 납부 2건~~

Tuesday: Youtube

- Highlight: 필라테스
- Grateful: 맑은 하늘
- Let go: 뭐든 잘 하려는 욕심

유튜브

- [x] ~~영상 업로드 확인 (유튜브, 미자모, 블로그, 인스타)~~
- [x] ~~영상 기획~~
- [ ] 영상 업로드 예약
- [ ] 자막

사업

- [x] ~~재고관리~~

개인 & 글쓰기

- [x] ~~필라테스 11시~~
- [x] ~~은행 방문~~

가족

- [ ] 인서 픽업 3시반
- [ ] 인서 수영 4시
- [ ] 저녁 5시 30분
- [ ] 모나르떼 6시
- [ ] 엠베스트 6시

데일리 하이라이트 1개 찾아내기

온종일 해야 할 일이 왜 이리 많나요? 저만 그런 건 아니겠지요? 갑자기 똑 떨어진 화장품도 사야 하는데, 같은 걸 살지, 새로운 제품으로 살지도 고민해야 하고, 새로운 제품으로 결정한 뒤에는 추가 검색도 해야 하죠. 음식도 뭐 하나 만들려고 하면 식자재 중 중요한 재료가 없어서 장을 보러 가야 하나, 말아야 하나 고민하게 되고요. 아이 학교 픽업이며 교재 구매며 해야 할 일이 개인적인 것부터 아이들과 가족 모두를 위한 것까지 쏟아집니다. 놓치는 것 없이 업무 처리를 위해 역할에 따른 To-Do List를 만들어 처리하려 노력하지만, 모든 일을 다 처리 못 할 때도 있어요. 이런 경우를 대비하기 위해 '데일리 하이라이트'를 사용합니다. 데일리 하이라이트는 To-Do List 중에서 '오늘은 이것만큼은 꼭 하자!' 하는 업무 하나를 꼽는 거예요. 이것만큼은 더 이상 미룰 수 없고, 오늘 반드시 해야만 하는 그것! 30가지가 되는 To-Do List에서 하나를 꼽아 하이라이트를 하는 거죠. 노을이 지는 시간이 되면 오늘 하루도 여물어감에 감사함을 느끼기보다 '해야 할 일을 다 못해서 어쩌지?'라는 불안감에 휩싸일 때가 있어요. 이를 방지하기 위해서 가장 중요한 한 가지 일을 꼽고, 그 일만은 꼭 처리하려 노력하는 거예요. 29가지는 못 했더라도 적어도 한 가지는 했으니까 '난 잘했다, 이 정도면 됐다'라는 위로와 응원을 해주는 장치라고 볼 수 있죠. 어찌 보면 우선순위를 정하는 장치일 수도 있고, 나를 좌절의 구렁텅이로 들어가지 않게 하는 장치일 수도 있어요.

너무 나태하기만 하면 발전이 없고, 자신을 닦달하면 삶이 메말라버리니 적당한 타협을 통해 균형을 맞추는 것이 중요한 것 같아요.

타임 블록 만들기

해야 할 일도 작성했고 데일리 하이라이트도 정했다면, 다음으로 할 일은 타임 블록을 만들어 업무를 할당하는 거예요.

타임 블록은 수많은 기업인이나 프로젝트를 진행하는 사람들이 사용하는 일정 관리 기술이에요. 하루 중에 특정 작업이나 일련의 작업에 집중할 수 있는 일정한 시간을 블록

형태로 예약하는 거예요. 특정 활동을 위해 특정 시간 블록을 예약함으로써 중요한 일을 놓치지 않고 수행할 수 있게 해줍니다. 막연하게 해야 할 일 목록을 길게 만들면 시간에 쫓겨 실행을 못 할 가능성이 큽니다. 하루에 다 하지도 못할 일을 목록에 채워 넣은 뒤 하루를 마무리할 시점쯤 확인해 보면, 해야 할 일이 너무 많아 포기하고 지칠 수 있거든요. 학교에 다니는 학생들은 시간표가 있잖아요. 이것도 일종의 타임 블록을 활용해서 수업 시간을 할당한 예입니다.

저의 타임 블록을 한 예로 보여드릴게요. 운동하러 가는 날과 가지 않는 날의 일정을 따로 세웁니다. 운동이 없는 날에는 유튜브 영상 기획, 촬영 및 편집이나 글을 씁니다.

새벽	5:00~5:30	모닝 루틴(운동, 생각 정리, 나를 돌아보는 시간)
	5:30~7:00	글쓰기
오전	7:00~9:10	아침 등교 준비(아침 준비, 아침 공부)
	9:10~9:40	집안일
	9:40~10:30	집중 업무 처리 1
	10:30~ 오후 12:30	나를 위한 시간(운동, 샤워, 점심 준비)

	12:30~1:00	점심
오후	1:00~2:00	업무 처리
	2:00~3:00	집중 업무 처리 2
	3:00~5:00	아이들 하교 픽업 및 아이들과 놀기
저녁	5:00~7:00	저녁 루틴(저녁 준비, 식사, 뒷정리)
	7:00~8:00	잠자리 독서
	8:00~9:00	아이와 대화 및 취침

가상 데드라인 만들기

집안일, 요리, 아이들 공부 봐주기 등을 할 때, 제가 수시로 하는 것은 가상 데드라인을 정하는 거예요. 분량보다는 시간을 설정해요. 누가 뭐라 안 하니까 여유를 갖고 할 수 있지만, 전 그 시간이 너무 아깝더라고요. 매일 반복하는 업무 중 집안일은 제일 티가 안 나지요. 그런데 안 하고 며칠 내버려두면 금세 티가 나더라고요.

최대한 효율적으로 시간을 투자하기 위해서 시간 세팅을

해놓아요. 마치 누가 와서 검사하거나 손님이 오실 수도 있다는 상상을 하면서요. 예를 들어 30분 세팅을 해놓고, 신나는 음악을 크게 틀고 이리 뛰고 저리 뛰며 초집중 모드로 집안일을 하는 편이에요. 아이가 등교하자마자 운동의 연장선이라 생각하며 말이죠. 꼭 만보 걷기를 밖에서만 해야 하는 건 아니잖아요. 집안일을 하면서도 챙길 수 있어요. 최소한의 시간을 투자해서 최대한의 결과를 내는 집 정리 방법은 미니멀리즘을 실천하는 거예요. 이렇게 하면 해야 하는 집안일이 훨씬 줄어들더라고요. 불필요한 물건을 구매하는 시간도 절약되고, 집안일에 할애하는 시간도 단축돼요. 집안일에 가상 데드라인을 부여해서, 30분 빠짝 움직여요. 매일 말이죠. 그러면 호텔 같은 집까지는 아니지만 어느 정도 현상 유지는 되는 것 같아요.

가상 데드라인은 집안일뿐 아니라 성취하고픈 업무에도 부여합니다. 글쓰기 역시 마찬가지고요, 유튜브 영상 업로드 일정을 자신과의 약속처럼 화·금 오전 10시로 박아 두었어요. 아무도 그렇게 하라는 사람은 없지만, 이렇게 데드라인이 없으면 마음이 흐지부지해지고, 지속해서 기획하고 창조해

나가려는 원동력이 안 생기더라고요. 유튜브를 처음 시작했을 때는 시청하는 사람이 몇 없었어요. 힘이 빠질 수 있는 그때, 꾸준히 영상을 만들 수 있었던 방법은 가상 데드라인을 설정해서가 아닌가 싶어요.

가상 데드라인은 기간뿐 아니라 목표로도 활용할 수 있습니다. 회사를 다닐 때, 운동을 해야겠다는 생각에 회사 앞 헬스장에 등록한 적이 있어요. 그런데 이 핑계, 저 핑계를 대며 안 가게 되더라고요. 나를 위해 운동하게 만들 수 있는 방법 혹은 동기부여를 고민하던 중, 요가 자격증을 취득해야겠다고 생각했어요. 요가 자격증이라는 목표가 생기고 나니, 다이어트나 건강을 지키려고 수업에 들어가는 것보다 훨씬 참여율도 높고 자발적으로 하게 되더라고요. 건강에 관한 관심과 운동에 대한 관점도 바뀌고요. 그래서 자격증 취득을 위해서 노력했을 때는 오히려 즐거운 마음으로 운동도 하고, 이론도 배웠던 것 같아요. 결국 어쩔 수 없는 상황을 만들어야 실천하는 스타일이란 것을 깨닫게 되는 순간이었어요.

혼자 공부하는 아이들에게 가상 데드라인 설정을 추천합니다. '되는 대로 매일 공부하면 언젠가는 진도가 나가겠지!'

라는 생각보다, 목차를 보고한 유닛을 끝내는 데에 대략 시간을 어느 정도 투자해야 하는지를 파악해 보는 거죠. 역산출을 이용하면 교재 한 권을 끝내는 데에 몇 개월이 소요되는지를 알 수 있어요. 이렇게 나름의 가상 데드라인을 만드는 거예요. 실제 목표를 세우고 진행한 교재와 되는대로 풀어나간 교재의 진행 속도나 성취감이 다르더라고요. 계획은 수정할 수 있어요. 다만 계획을 세우는 것과 세우지 않는 것은 근본적으로 차이가 분명히 있다는 것을 인지할 수 있게 지도해 보세요. 나의 의지를 믿지 말고 환경을 만들어 나가는 것이 동력을 얻는 데에 가장 큰 도움이 됩니다.

나를 위한 1시간 :
나를 돌보는 시간

정신없이 바쁜 하루를 보내고 나면 때론 허탈할 때가 있습니다. '나는 왜, 무엇을 위해 이렇게 열심히 사는 것일까?', '나는 어떻게 살아야 하는가?' 갑자기 심오하고 철학적인 질문들이 쏟아집니다. 그러다 보면 긍정적인 마음보다 부정적인 마음이 스멀스멀 올라오곤 하지요. 하고 싶은 일과 해야 하는 일 사이에서 저울질하며 삶의 균형을 찾아가려 노력하지만, 자꾸 무너질 때가 있거든요. 제가 힘들어하는 부분은 아무래도 독박육아인 것 같아요. 맞벌이 가정이나 편부모 가정에서도 느낄 수 있을 텐데요. 맞벌이 가정에서 아직도 한 사람에게만 기운 집안일과 육아, 투자 등으로 힘들어하는 가정이 있잖아요. 저희 가정 역시 다르지 않아요. 남을 바꾸려 하는 것보다 내가 바뀌는 게 더 쉽고 빠르다는 생각에 묵묵히 해야 할 일을 해나갔습니다. 이 지점에 도달하기까지 '나를 돌보는 시간'이 매우 중요한 역할을 했습니다.

'아이들이 다 성장해야 모든 것이 끝나겠구나'라는 극단적인 생각과 동시에 '지금 아이들이 성장하는 예쁜 모습을 온전히 경험하고 오롯이 담을 수 있어서 얼마나 행복한가?'라는 저울에 올라타, 하루는 좌측으로 기울어 버겁다가도 또 하루는 우측이 무거워져 행복감에 주체를 못 할 때가 있죠. 그런 내 마음을 헤아리고 격려해 주는 시간을 확보하고 나니 부정적인 생각이 긍정적으로 변하게 되더라고요. 내가 이겨내야 하고 해내야 하는 상황들은 급자스럽게 변하지 않겠지만, 세상을 바라보는 관점과 가족간의 이해관계를 더 헤아리게 되었어요. 이만하면 괜찮다는 너스레도 떨 수 있는 여유도 조금씩 찾게 되는 것 같아요. 이런 등불 같은 마음을 잡아 주는 시간이 무척이나 소중합니다.

나를 돌보는 시간에 저는 글을 씁니다. 일기를 쓸 때도 있고, 읽고 있는 책 한쪽 모퉁이에 내 생각을 기재할 때도 있어요. 종종 네이버 카페 〈미자모〉에 들어가서 사는 이야기를 나누며 생각 정리도 합니다. 모두 다 각자의 인생의 무게를 견뎌내고 있잖아요. 내가 어떻게 생각하느냐에 따라, 나의 마음가짐 하나로 상황을 가볍게 혹은 심각하게 받아들일 수 있습니다. 물론 호르몬의 문제라거나 정신적으로 병적인 요인이 아니라면 나를 돌보는 시간을 통해 멘탈 관리를 할 수 있지요. 시간이 지나니 별것 아닌 일인데, 혼자 너무 힘들어했다며 후회할 수도 있습니다. 또 어떨 때는 이렇게 힘든 시기를 잘 견뎌냈다며 기특해하거나 나에게 칭찬을 건넬 수도 있을 테고요.

내 시간의 가치를 돈으로 환산해 보기

저는 자기애가 충만한 사람이에요. 그래서 그런지 내 시간을 무척 소중하게 생각하지요. 어려서부터 모두에게 주어지는 24시간을 얼마나 충실히 알차게 보낼지를 고민하면서 성장했어요.

〈인 타임In Time〉이라는 SF영화를 본 적이 있습니다. 영화의 배경은 25세가 되면 노화가 멈추지만, 유전적으로 1년밖에 더 살지 못하도록 설계된 미래의 디스토피아입니다. 소수의 엘리트는 시간을 저장하고 무기한으로 살아가지만, 대다수는 하루하루를 간신히 버티며 살아가지요. 그러다 보니 시간과 부의 분배로 계급 간 갈등이 심합니다. 손목에 살날이 얼마나 남았는지가 시간으로 보이고, 그 시간을 늘리려면 일을 해서 화폐, 즉 시간을 사야 해요.

이 영화는 사회경제적 불평등, 반란과 사회 정의뿐 아니라 시간의 가치에 대해서 큰 깨달음을 주었어요. 우리가 얼마나 시간을 중요시하며 살아야 하는지도요. 그 후 농담 삼아 시간을 화폐 가치로 환산하는 놀이도 했습니다.

대학 시절 모교 컴퓨터실에서 아르바이트를 했었는데 시급이 8달러였어요. 그 시절 미국 최저임금이 5.15달러쯤 되었으니 대학생이란 이유로, 컴퓨터를 잘 다룬다는 이유로 그보다 훨씬 높은 시급을 받았죠. 시간의 가치가 능력에 따라 돈으로 환산하면 다를 수 있다는 걸 처음으로 직접 경험한 순간이었습니다. 대학교 졸업 후에는 직책과 연봉을 높여가며 이직을 하곤 했어요. 쌓았던 커리어를 멈추며 육아를 위해 퇴사를 결정할 때도 기회비용을 따져보았고요. 우스갯소리 같지만 1인 연예인 소속사 대표가 된 기분으로 기업(가정)을 잘 운영해야겠다는 상상도 해보았습니다. 아이들을 대스타로 만들겠다는 의미가 아니라 소속사 대표로서 해이해지지 말고 잘 경영해야겠다는 의도로요. 즉, 가정으로 이직을 한 거죠.

돈으로 살 수 없는 것들이 무척 많아요. 예를 들어, 아이들과 정서적 유대감을 쌓는 시간을 어찌 돈으로 환산할 수 있겠어요? 그래서 더 해보는 것 같아요. 그러면 내가 하는 이 많은 일들이 얼마나 큰 가치를 창출해 내는지 새삼 느끼게 돼요. '돈으로 환산 불가'라는 결론에 닿죠. '태어나서 가장 막중한 임무를 지금 내가 수행 중이구나. 정말 잘해야겠다!'

이런 생각을 합니다.

아이들을 위한 식사 준비와 대화 시간, 집안일, 교육 정보 수집 및 실천, 함께하는 독서 시간과 책 수다는 어떠한 액수의 돈과도 비교할 수 없는데요, 이 기준이 우선순위를 결정할 때 큰 도움이 됩니다. 엄마로서 해야 할 역할이 얼마나 중요한지 생각하게 되거든요. 우리는 대체불가 인력이잖아요.

내 시간을 쉽게 생각하고 사용하려는 사람들이 주변에 종종 있어요. 심지어 나를 사랑하고 아껴주는 사람도요. 나를 싫어해서, 나를 골탕 먹이려고 그러는 건 아닐 거예요. 많은 사람들이 매 순간을 소중하게 생각하지 않아서라고 생각해요. 그래서 저는 결국 거절을 잘하는 사람이 되는 방법을 택했습니다. 내 시간은 너무나도 소중하니까요.

일상을 간결하게 :
루틴화

하고 싶은 일과 해야 할 일 사이에서 늘 고민합니다. 하고 싶은 일을 더 하기 위해서 어떻게 하면 해야 할 일을 줄이거나 효율적으로 할 수 있는지를 많이 고민해요. '해야 할 일'을 나열하다 보면 끝이 없더라고요. 적당한 타협도 필요하고, 꾸준히 가족 구성원의 공동 업무를 늘려나가는 방법도 생각해봐야 합니다.

일부러 큰 에너지를 쏟지 않아도 할 수 있는 일들이 더러 있습니다. 예를 들어 화장실 청소나 장보기, 청소기 돌리기요. 화장실 청소를 일주일에 한 번 하게 되면, 물때나 더러움이 일주일 동안 쌓여 있잖아요. 그런데 매일 5분 정도의 시간을 할애하면 깨끗함이 유지가 되어 대청소하듯 화장실 청소를 해야 하는 상황이 덜 옵니다. 매일 양치질을 하며 손잡이 부분 물때를 없앤다거나 아침 소변을 보자마자 변기통 안을 씻는다거나, 샤워가 끝나면 바로 밀대로 샤워부스 물기를 제거하는 등이요.

장보기도 마찬가지예요. 늘 사용하는 단골 채소들은 사자마자 바로 장바구니에 미리 담아놓아요. 구매해야 하는 채소를 검색해서 장바구니에 넣는 과정도 모두 시간을 할애해야 하잖아요. '뭐가 필요하더라'라는 생각도 하지 않게 단골 채소나 창고에 저장해 놓는 음식은 사자마자 다시 장바구니에 바로 담아놓아요. 가끔은 검색 시간을 단축하는 것으로 작은 희열을 느끼곤 합니다.

예전에는 마트에 가서 장을 직접 보았는데, 지금은 거의 온라인으로 주문하고 있어요. 물론 음식 재료를 직접 가서 사면 더 저렴하게 구할 수 있을지 몰라요. 하지만 저는 역세권에 살고 있지 않아 이동하며 소비되는 시간이 왕복 1시간 이상 걸리고, 실제 장 보는 시간까지 합산하면 나의 시간 가치를 돈으로 했을 때 온라인 주문이 훨씬 더 경제적으로 도움이 된다고 판단했어요. 게다가 한번 마트에 다녀오면 힘들게 왔다는 보상 심리로 불필요한 제품도 사서 지출이 커지더군요. 온라인 장보기를 루틴으로 만들었더니 식재료 구입으로 고민하거나 장보기에 시간을 할애하는 일이 대폭 줄었습니다.

To-Do List를 작성할 때 일상생활에 녹여서 할 수 있는 일은 최대한 그날그날 처리합니다. 매주, 매달 해야 하는 일은 To-Do List에 미리 적어 놓고요. 예를 들어 칫솔 교체 시기, 세탁기나 식기세척기 통 세척 시기, 영양제 구매 시기를 미리 캘린더에 기재해 놓고 일정에 맞추어 진행해요. 생활의 작은 부분도 루틴화를 시켜 하루를 관리하고 있어요.

나에게
관대해지기

스케줄을 짜고 나를 관리하는 이유는 나를 사랑하고 가꾸고 싶기 때문이에요. 남에게 보여주기식이나 남의 눈을 의식해서 행하는 것이 아니잖아요? 그러니 SNS를 조심하셔야 해요. 남들은 더 편하게, 행복하게, 알차게 지내는 것 같고, 옆집 아들딸은 공부도 잘하고 성격도 좋고 친구도 많아서 승승장구하는 것 같은데, 상대적으로 내가 한없이 초라하게 느껴지거나 우리집 아이들이 뭔가 부족하다고 느낄 수 있거든요. 하지만 우리는 모두 알고 있어요. 그저 남의 떡이 커 보이는 것뿐이며, 보여지는 사진이 전부가 아니라는 것을요. 그럼에도 머리로는 알겠는데 마음이 흔들릴 때가 있어요. 그럴 땐 마음이 머리를 이기지 못하게 우리가 스스로에게 관대해져야 해요. 일단 남과 비교하지 않습니다. 나 자신, 우리 식구들 모두에게 해당합니다. 만약 이게 어렵다면 SNS와 담을 쌓고 지내는 것도 방법이에요.

나에게 해줄 수 있는 최소한의 것은 하루하루를 알차게 보내고 감사한 마음과 충만한 상태를 만드는 거예요. 감사일기를 작성하거나 내가 얼마나 괜찮은 사람인지 나에게 덕담을 해보세요. 은근 효과가 크답니다.

'힘들어 죽겠어!'라는 생각은 '하루를 이렇게 알차게 보냈다니! 나 너무 괜찮은데?'라고 대체해 보세요. 진정한 행복은 아무것도 안 하고 편안한 하루를 보내는 것이 아니라 진취적으로 뭔가를 해내고 뿌듯함을 느끼며, 스스로에게 관대하고 관용을 베풀 때가 아닌가 싶어요. 남이 뭐라 하든 내가 날 진정으로 사랑해줄 때 행복감을 느낄 수 있대요. 둘째가 학교에서 배워온 제스처가 있는데요. 내가 내 어깨를 양팔로 크로스해서 감싸며 "잘했다! 잘했다!" 이렇게 해주는 거예요. 아이가 저에게 그렇게 토닥토닥 해주는데, 눈물이 핑 돌고 어찌나 고맙던지요. 작은 제스처 하나가 우리에게 용기와 희망을 가져다주는 것 같아요.

사랑받고, 인정받고 싶은 마음을 스스로 다독이며 채우는 건 어떨까요? '이 정도면 되었다, 노력했다, 수고했다!' 이런 마음을 나에게 해주는 거예요. 열심히 사는 것도 중요하지만, 실수했거나 부족한 부분 역시 인정해주고 관대한 마음으로 받아들이는 거죠. 우리는 다시 일어설 수 있어요.

Not-To-Do List

시간 관리를 잘하기 위한 마지막 방법을 소개합니다. 우리는 일반적으로 해야 할 일을 기재하고 실행하려고 노력하잖아요? To-Do List만큼이나 중요하게 작성해야 하는 목록은 바로 Not-To-Do List, 즉 '하지 말아야 할 일'이에요. 밥 먹으며 유튜브 보기, 일어나자마자 혹은 잠들기 전에 SNS 보기 등이요. 새벽 시간을 잘 활용하려고 일찍 일어났는데 가끔 이메일 회신을 처리한다거나 문의받은 질문에 대해 답을 할 때도 있습니다. 나를 위해 시간을 할애하려 했으나 우선순위를 두지 않고 닥치는 대로 처리하는 거죠.

저의 아침 시간의 Not-To-Do List 중 하나는 유튜브 댓글 보지 않기, 이메일 열람하지 않기 등이 있습니다. 물론 매번 지키는 건 아니지만, Not-To-Do List를 자주 보며 상기하고 실천하려 해요.

절 피곤하게 하는 사람들과의 전화 연결 자체를 Not-To-Do List에 적을 때도 있어요. 누군가와 만나거나 전화 통화를 한 후, 기진맥진 되는 기분을 느껴보신 적이 있나요? 전 그런 사람과 인연을 끊기로 마음먹기 전에 적당한 거리 두기를 실천해요. 내 기운을 빨아먹는 사람들이 종종 있거든요. 물론 저도 그런 사람이 되어본 적이 분명히 있을 테고요. 영상 촬영 중이거나 일정이 빠듯하거나 아이들과 공부하고 있을 때 전화가 오는 경우도 있어요. 만약 이 전화를 받으면 대략 1시간 이상 통화하게 될 것 같은 예감이 든다면, 그때는 잠시 회피하고 나중에 여유가 있을 때 전화 거는 걸 선택해요. 그런 의미로 카톡이나 문자 메시지 역시 개인 시간이 허락할 때 회신해요. 상대방이 무례하다고 생각할까 봐 처음엔 저 역시 죄책감이 들기도 하고 바로바로 회신하려 노력한 적도 있어요. 여러 차례 경험해 보니 다른 이들도 비슷한 마음을 가지고 있더라고요. 상대방이 제 연락을 바로 안 받거나 회신을 안 할 때 특별히 기분이 나쁘지 않고 오히려 이해가 되었어요. 그래서 새롭게 만나는 지인들에게 미리 양해를 구합니다. 절 잘 아는 사람은 이미 제 스타일을 파악했을 테지만, 새롭게 인연을 시작하는 분들께 입장을 확실히 밝혀요. 아이 둘 키우며 일하는 엄마는 바쁘다, 스마트폰과 멀리 생활하려 노력하기에 바로바로 회신이나 전화를 못 받을 수 있다고 상황을 설명해요. 지금까지 제 상황을 듣고 얼굴을 붉히며 욕하는 분은 아직 만나 뵌 적이 없어요. 오히려 칭찬과 격려, 자신도 그렇게 해야겠다고 다짐하시죠. 함께 진행하는 프로젝트가 있는데 갑자기 연락 두절이 되어 잠적하는 것이 아니잖아요? 때론 나와 내 가족의 시간을 확보하는 일이 누군가의 비난을 이겨낼 만큼 더 값질 수 있다는 생각이 들어요. 비난한다면 그 사람의 태도가 저와 맞지 않다고 생각하면 그만일 것 같아요. 나와 오래 함께할 사람은 충분히 이해해 줄 거라고 생각해요. 이렇듯 사소한 것이라도 하지 말아야 하는 행동 목록으로 만들어서 불필요한 시간 낭비, 나의 기분과 컨디션을 조율하려 해요.

지금까지 소개한 방법은 아침 시간뿐 아니라 하루를 알차게 보내는 데에 큰 도움을 줍니다. 특히 하루를 잘 보내려면 전날 잠들 때부터 좋은 기분으로 보내야 해요. 잘 자고 개운하게 일어나 하루를 맞이해 보세요. 그러면 아침 시간뿐 아니라 작은 성공적인 순간들이 늘어나면서 하루하루가 쌓여, 짧게는 몇 년, 길게는 전반적인 인생이 보람으로 가득하지 않을까요?

• MISSION • To-Do List와 Not-To-Do List 만들기

- 나만의 To-Do List를 만들어 보세요. 루틴처럼 해야 할 일을 생각나는 대로 나열해 보세요.
- 내가 생각하는 하지 말아야 것이 있나요? 생각나는 대로 목록을 작성해 보세요. 그리고 오늘부터 실천하며 체크 박스에 체크 표기를 해보세요.

마음의 확신이 안 서고 망설여질 때 필요한 것

부모 둘 다 일찍 출근해야 하는 가정에선 아이들의 늦잠은 있을 수 없는 일이지요. 물론 아이가 늦게 일어나 정신을 쏙 빼고 준비하여 부랴부랴 기관에 데려다줄 순 있겠지만, 부모와 아이가 걸핏하면 늦잠을 자서 회사나 기관에 못 가는 일은 거의 없습니다.

아이와 미라클 모닝을 함께 실천하고 싶은 맞벌이 부부라면 취침 시간을 앞당기고 저녁에 하는 활동을 다음 날 아침에 해보세요. 결심을 했다면, 부부간에, 그리고 아이와 꾸준하게 대화하고 노력해야 합니다. 그래야 모닝 루틴을 활동을 지속할 수 있어요.

아이에게 본보기가 되어야 하는 이유

미라클 모닝을 하려는데 실제 출근하는 회사가 없어 실천이 잘 안 되는 부부가 있다고 가정해 봅니다.

이때는 '11가지 시간 관리 실천법' 중 '가상 데드라인 정하기'를 적극적으로 활용해 보세요. 비록 어딘가로 몇 시까지 갈 필요는 없지만, 마치 있다는 상상을 하며 하루를 시작해 보는 거예요. 어쩌면 아침에 세수하는 시간부터 앞당겨질지도 몰라요.

아이가 아침 시간 활용을 못 하는 것인지, 부모가 못 하는 것인지를 곰곰이 생각해 보세요. 이상적인 행동을 아이가 하길 원한다면 부모가 그 행동을 먼저 해야 해요. 아이는 부모의 행동을 보고 자연스럽게 '원래 그렇게 하는 건가 보다' 하고 따라할 가능성이 무척 높거든요.

제가 아는 분은 전업주부인데요. 이분도 미라클 모닝을 즐기세요. 오전과 오후에 하고 싶은 공부, 독서, 운동, 아이 공부 봐주기를 하기 위해 기본적으로 해야 하는 살림을 오전 중에 전투적으로 끝낸다고 해요. 말 그대로 전투적으로. 점심 먹기 전이라는 가상 마감 시간을 정해서요. 그리고 오후 4시가 되면 저녁 식사 준비를 시작해서 요리하면서 동시에 어질러진 부엌을 정리한대요. 그럼 식사 후 요리할 때 사용했던 기구들은 이미 설거지가 완료되어 있으니 가볍게 반찬 그릇과 국, 밥그릇, 수저만 설거지해서 금방 치울 수 있다고 해요. 살림의 고수라고 여겨지는 이분의 말씀이 이렇게 해야 할 일을 다했다는 개운함과 뿌듯함을 느끼고 자신의 시간을 즐겁게 보낼 수 있다고 해요.

자신이 하는 일에 자부심을 느끼는 것은 정말 중요합니다. 아이들은 부모의 생활 태도와 활동 모습을 보며 이미 학습했을 거예요. 뭐든 열심히 노력하며 미래지향적으로 살아가는 긍정적인 부모와 그렇지 않은 부모의 모습을 보며 성장하는 아이들은 느낄 거예요. 아이들과 함께 성장하기 위해서 우리가 미라클 모닝, 오전의 황금 시간을 활용하고 싶은 거 아닐까요?

아이가 어릴수록 우리 의지로 좋은 가정환경을 만들 수 있습니다. 이를 통해 아이들은 좋은 태도를 몸소 체감하고, 이를 실천하는 자세를 습득할 것입니다. 우리부터 실천해야 해요. 아이들은 저절로 따라올 거예요. 그 과정에서 좋은 습관과 행동을 이끌 수 있는 최고의 방법은 설명과 설득보다는 몸소 체험하고 경험담을 나누는 거예요.

즉, 우리의 행동이 변하면 아이들은 자연스레 따라옵니다. 하나의 인격체로 형성되기 바로 전까지, 아이들은 모든 것을 스펀지처럼 흡수합니다. 사춘기 때 뇌는 공사 중이에요. 퇴행하기도 하고, 어처구니없는 행동을 할 수도 있습니다. 그러나 그동안 부모의 삶의 태도를 지켜봐왔고, 조금이나마 미라클 모닝을 실천해본 아이라면 경험이 몸과 마음 안에 장착이 되어있기에 다시 시도해 볼 수 있는 원동력이 내장되어 있어요. 어려서부터 롤모델을 보며 좋은 행동은 실천해 보는 것이 중요하다고 생각해요. 부모도 아이도 모두 다요.

● MISSION ● 아이와 나의 닮은꼴

☑ 아이가 나의 어떤 모습을 닮길 원하나요?

부모와 자녀간의 유사성을 나타내는 영어 속담에 '사과는 사과나무에서 멀리 떨어지지 않는다The apple doesn't fall far from the tree'가 있어요. 어떤 모습인지 글로 남겨보세요. 그리고 그 모습으로 생활하려는 다짐의 글도 함께 작성해 봅시다.

원하라,
그리고 움직여라!

시간 관리나 목표를 향해 행동할 때 어려움에 처하는 일이 종종 있습니다. 저는 이때 초심으로 돌아갑니다. 왜 아침 시간을 활용하려고 했는지, 내가 꿈꾸는 미래는 무엇인지, 우리 아이들이 나로부터 어떤 모습을 보며 성장했으면 좋은지를 다시 생각해 보는 겁니다. 그리고 침대 밖으로 몸을 빼내지 못하는 원인을 찾아보기도 합니다. 전날 밤, 침대에 누워 유튜브 쇼츠 삼매경에 빠져 불필요한 블루스크린을 내 눈에 쏟아낸 건 아닌지, 남의 인스타그램 피드에 불필요한 애정을 쏟은 건 아닌지, 저녁 식사를 너무 늦게 해서 속이 더부룩한 건 아닌지, 다음날 정말 일어나고야 말겠다는 마음이 해이해졌던 것은 아닌지, 근심과 걱정이 너무 많은 것은 아닌지 등 마음을 어지럽게 만드는 것을 찾아내고, 그 후에는 헤아려줍니다.

지금 나에게 필요한 것과 내가 꿈꾸는 미래 떠올려보기

어쩌면 우리는 한 템포 쉬어가야 하는지도 모릅니다. 몸과 마음이 만신창이가 되었는데 자꾸 전진하라고 하면 몸 따로, 머리 따로라 엉뚱한 방향으로 계속 흘러갈지도 모르지요. 그렇기에 아침 혹은 저녁 시간을 활용하여 나를 돌보는 시간을 내어야 합니다. 오늘 하루를 살아내기에 급급해 몸과 마음이 지쳐있을 수 있거든요. 이럴 때는 명상이 많은 도움이 됩니다. 하지만 저는 순수 명상은 도저히 집중이 안 되더군요. 대신 요가 호흡 기법이 저에게 더 맞았어요. 들이마시는 숨에 배를 부풀리고, 내쉬는 숨에 배를 쏙 집어넣는 숨쉬기요.

《내가 틀릴 수도 있습니다》를 집필한 파란 눈의 승려 비욘 나티코 린데블라드 역시 평온을 찾는 데 명상이 좋다는 이야기를 듣고 시도해 보았다고 합니다. 숨쉬기라면 평생 해오던 일이라 쉽게 생각했는데, 10분에서 15분 정도 명상을 하려 애써도 잡생각이 들었다고 해요. 제가 그렇더라고요. 10분쯤 넘어가니, 해야 할 일들이 머리 위로 둥둥 떠다녔어요. 차라리 이 시간에 요가를 겸해서 운동이라도 하는 게 낫겠다는 생각이 가장 크게 들더군요.

순수 명상이 안 맞는다면 마음을 정리하는 다른 방안을 모색해 보세요. 전 글을 씁니다. 내 마음을 들여다보는 최고의 방법은 나만이 알 수 있어요. 이것저것 시도하며 찾아가 보세요. 누군가는 명상, 누군가는 글쓰기, 또 누군가는 등산이 될 수도 있겠지요.

저도 한때 근심과 걱정 때문에 잠이 안 올 때가 많았어요. 해결할 수도 없을 것 같고, 어찌해야 할지 몰라 계속 고민만 하는 나날을 쳇바퀴처럼 돌릴 때가 있었죠. 나이가 들며 걱정한다고 해서 고민이 해결될 수 없다는 걸 알게 되었습니다.

우리는 모두 미래의 불확실성을 걱정합니다. 걱정과 불안은 인생을 사는 데 패키지처럼 따라오겠죠. 하지만 이를 어떤 관점으로 바라보느냐에 따라 미래를 아주 크게 변화시켜요. 적당히 생각하고 결정하자, 일단 부딪혀보자란 마음을 먹으니 불필요한 시간과 감정 소모가 줄어드는 것을 느꼈어요.

'아침에 일어나야 하는데', '아이들 습관을 잘 들여야 하는데', '공부시켜야 하는데', '우리 아이들 미래는 어쩌지?' 하는 고민과 걱정은 접어두고, '일단 오늘 하루를 잘 살아보자!', '뭐라도 하면 되겠지!'라는 생각으로 시스템을 구축하고, 실행하는 데에 시간을 쏟는 게 더 현명해요. 성장하는 아이들에게도 부모의 긍정적인 모습이 분명 더 좋은 영향을 주리라 생각합니다. 걱정과 고민에서 벗어나 실행 버튼을 누르고 어려운 상황을 헤쳐나가는 부모의 모습을 본다면, 아이들은 이를 통해 이미 좋은 간접경험을 한 거니까요.

뇌는 우리가 불편해하는 것을 막아서기도 하고, 때로는 우리의 발전을 방해합니다. 앞에서 언급했던 《해빗》을 집필한 웬디 우드 박사의 말처럼 생각을 멈추고 실행하려 노력해 보세요. 그냥 하면 되요. 충분한 고민 끝에 뭔가 하기로 결정했으면, 그 후엔 깊게 생각하지 말고, 실행 버튼을 누르고 움직이면 됩니다.

저는 '뇌는 저장 창고가 아니라 사용하는 공간'이라는 말을 좋아해요. 지식을 차곡차곡 저장해 놓는 데 활용하는 그 이상으로 정보를 처리하고 분석하여 새로운 의미를 만들고, 다양한 기능과 능력을 수행할 수 있도록 뇌를 의도적으로 가동시켜야 해요. 뇌를 적극적으로 활용하여 추구하는 바를 바로 실행할 수 있도록 시스템을 구축해 보세요. 글쓰기는 뇌를 활성화 시켜요. 글을 써보는 것도 큰 도움이 됩니다.

여러분의 마음은 어디로 향하나요? 어떤 고민이 있으세요? 충분히 고민했지만 실행 앞에 주저하고 계신 건 아닌가요? 나의 실천을 방해하는 것들을 하나둘 지우고 당장 시작해 보면 어떨까요? 이를테면 아침 일찍 일어나 나를 위한 시간을 오롯이 갖는 건 어떤가요?

아이의 아침 기상을 위한 준비물

지금까지 아침 시간의 장점을 설명했습니다. 각자 다른 혹은 비슷한 이유로 아침 시간을 활용하고 싶을 거예요. 그런데 아직도 시작하기 어렵다면 이런 생각을 해보면 어떨까요?

부모로서 아이를 등교 시간 안에 학교에 보내야 하니 아이보다 혹은 아이와 함께 일찍 일어나보자, 성적은 둘째치고 일단 사회에서 요구하는 기본적인 규칙은 당연히 지켜야 한다는 인식을 심어 주자, 이왕 일어나는 김에 조금 더 일찍 일어나 아침 식사를 제대로 해서 보내면 수업을 더 잘 들을 수 있다, 등교 전 책 몇 페이지, 교재 두 쪽이라도 풀자고 해보자, 아침에 일찍 일어나 책을 읽거나 공부하는 모습을 보여 주자, 아이가 부모를 바라보는 눈길이 어떤지 대화해 보자, 오전에 할 일을 다 끝내면 저녁 먹고서도 느긋하게 하루를 마무리할 수 있으니 미루지 말고 지금 움직이자 등의 여러 가지 가정을 머릿속으로 계속 해보는 거예요.

이런 식으로 아이를 설득하면서 기상 시간을 조금씩 앞당겨 봅니다. 저와 아이에게 가장 와닿았던 동기부여는 오전에 할 공부를 다 하고 방과 후 신나게 노는 거였어요. "어차피 할 거". 어차피 해야 하는 일이니, 아침에 해놓으면 할 일을 끝냈다는 생각에 홀가분합니다. 덤으로 칭찬도 받고요. 하교 후에는 놀고 싶은 마음이 가득해 공부가 더 하기 싫잖아요. 찜찜한 상태에서 노니 제대로 놀 수도 없고요. 저는 아이들에게 이걸 경험하게 했어요. 그러더니 나중엔 더 빨리 후딱 끝내버리자고 하더군요.

부모가 깨우느냐,
스스로 일어나느냐

아는 선배의 학창 시절 아침 기상법을 소개할게요. 선배는 아침에 늘 어머니가 깨워주었다고 해요. 어머니는 '일어나'라는 소리 대신, 입 안에 달콤한 감이나 귤을 넣어 기상 시간임을 알리셨대요. 성인이 되어서도 어머니의 행동이 너무나도 달콤해서 종종 그리울 때가 있다고 하더라고요.

아침을 기분 좋게 시작하는 방법에 대해 생각해 봤어요. 저희 가정에서는 누가 먼저 일어나든 아침에 처음 만나면 반갑게 인사하며 포옹을 합니다. 누군가를 깨우는 행위는 자발성이 떨어지고, 수동적 행동 같았어요. 작은 성공을 맛보는 행위를 앗아가는 것 같아 아이를 깨우는 대신 아이 스스로 일어나기로 했어요.

누구나 그렇듯 저 역시 아이와 등교 전쟁을 치르고 싶지 않아 자동화에 초점을 맞추었어요. 목표는 아이가 스스로 일어나 책상에 앉는 것이었습니다. 간혹 늦잠을 자더라도 안 깨웠어요. 한두 번 정말 정신없이 잠에 푹 빠져있을 때가 있었어요. 늦잠을 잤다면 원인을 파악했습니다. 전날 놀다가 잤는지, 아팠는지, 평상시처럼 잠자리에 들었는데도 수면 시간이 더 길었는지 등등이요. 만약 전날 놀다가 잤다면 '왜 일찍 잠들어야 하는지'에 대해 다시 대화를 나누었고, 만약 아프거나 평소보다 수면 시간이 더 길어지는 것 같을 땐 일부러 더 자게 두었어요. 바늘로 찔러도 피 한 방울 안 나는 빈틈없는 완벽한 아이를 원하는 것이 아니니까요. 성장하는 아이라서 잠이 더 필요한가 보다 하며 화를 내거나 질책하지 않고 편안하게 대해주었더니, 아이가 부담도 덜 느끼고 엄마의 믿음에 고마워하더라고요. 이 모든 것은 너를 위해서지, 부모인 나를 위한 게 아니라고 끊임없이 이야기해주고 행동으로도 보여주었어요. 그러자 아이도 제 믿음에 부응하듯 바른 생활 태도를 보이고 자신에게 맞는 편안한 스케줄을 찾아가는 듯 보였어요. 부모가 자꾸 아이를 깨워주면, 부모님을 의지하여 자발적인 기상이 어려워질 수 있어요. 그러면 장차 수동적인 태도로 성장할 수 있다는 생각이 들어요. 옷을 입을 때 첫 단추를 잘 끼우는 것이 중요한 것처럼, 부모는 학교 가라고 아이를 깨워주는 존재가 아니라는 것을 아이에게 명확히 일러두시고 행동으로도 보여주셔야 해요. 믿는 구석이 없으면 결국 내가 나를 믿고 행동하게 마련이에요. 인간은 긴 인류 역사 동안 이렇게 살아왔고, 살아남았으니까요.

아이는 왜 내 마음을 몰라줄까?

아이들이 알아서 척척 하길 바라지만 현실은 그렇지 않습니다. 또한 우리가 아침에 공부하는 모습을 아무리 보여주어도 아이는 꿈쩍하지 않을지도 몰라요. 하지만 우리도 그런 어린 시절이 있었다는 것을 잊지 말아야 해요. 저는 "개구리 올챙이 적 생각 못 한다"라는 속담을 좋아해요. 아이와의 관계 유지를 위해서는 우리도 한때 아이였다는 사실을 잊지 말아야 합니다. 하루아침에 아이가 부모가 원하는 대로 행동하면, 그게 어디 아이겠어요. 아이의 행동이 이해가 안 가고 답답하면, 나 역시 어렸을 때 그랬을 가능성이 99.999퍼센트였다고 생각하며 아이를 이해해 보세요.

최대한 부드럽게 동의를 끌어내자

습관 형성은 남이 해줄 수 없습니다. 결국에는 스스로 해내야 해요. 마음가짐이 시작의 반이잖아요. 앞에서 "나는 원래 저녁형이라서 어쩔 수 없다"라는 공식은 머릿속에서 지우자고 했어요. "난 하면 잘해!", "시도해 보면 할 수 있어!" 등의 자기확언을 계속 읊조리고, 기록하고, 생각 전환을 하자고 말씀드렸습니다. "말이 씨가 된다"라는 속담이 있습니다. 어려서는 그저 속담으로, 부모님이 자주 말씀하셔서 마음에 간직했는데요, 살면서 '말이 씨가 되는' 경험을 몇 번 하게 되었어요. 기록하니 이루어지고, 잘될 거라고 말하고 다니니 작은 것부터 큰 것까지 하나둘 이루고 있더라고요. 저는 이제 이 속담을 철석같이 믿고 있어요. 자기 최면일 수도 있지만요.

부모는 대화를 통해서 아이도 스스로 잘하고 싶어 하고, 발전하길 원하는 마음을 발견하고, 아이에게 재차 확인시켜 주어야 해요. 아이가 부모의 행동을 연예인 보듯 닮고 싶다는 생각이 들 정도로 존경의 눈빛으로 볼 수 있을 때 그 빛을 발하는 것 같아요.

아이와의 충분한 대화가 핵심입니다. 일찍 일어나서 진취적으로 업적을 이룬 인물을 다룬 책을 읽고, 수다를 통해 인물의 좋은 점이나 닮고 싶은 점을 찾아내도 좋습니다. 반가운 아침 인사, 엄마와의 새벽 데이트, 차나 음료 마시며 아침 시간 즐기기 등을 통해 아이에게 즐겁고 알찬 시간이라는 이미지를 심어 주세요.

그러려면 아침에 심드렁하게 아이를 깨우는 일은 멈춰야 합니다. 아이가 스스로 일어날 수 있게 시계를 맞추어 주세요. 울리는 알람을 끄고 다시 잠들 수도 있어요. 그러면 마음은 일찍 일어나고 싶은데 습관이 안 된 것인지, 일어나기 싫은지 대화를 나누어 보세요.

만약 습관 형성이 덜 된 거라면, 1개였던 시계를 3개 더 추가해서 화장실 가는 길목에 알람 시계를 놓아주세요. 만약 모든 시계를 다 끄고 잔다면 아이는 일어나고픈 마음이 아직 없다고 간주하고, 아이의 마음을 알 수 있는 대화를 나눠야겠지요. 다시 처음부터요. 물론 아이가 잠이 부족해서 못 일어났을 수도 있어요. 그러니 수면 시간 관리를 위해 전날 몇 시에 취침을 했는지 확인하며 전날 컨디션 조절을 논의를 해야겠죠. 많은 인내와 기다림이 필요해요. 우리도 잘 못하는데 아이가 하루아침에 잘하길 바라는 건 무리니까요.

아이가 아침 활동을 부모와 함께하고 싶다고 동의했나요? 실행에 옮긴 첫날을 지켜보세요. 만약 아이가 혼자서 일어났다면 무척 기뻐해 주세요. 일어났다는 것만으로도 아이는 발전하고 습관을 형성하는 것이니까요. 차차 공부하는 환경으로 전환해 주면 되니, 스스로 한 행동을 축하해 주어야 해요. 그리고 나를 위한 시간, 아침 공부 활동 후 아이가 느낀 기분에 대해 심층 대화를 하세요. 자기 생각을 글로 나열하는 것도 굉장히 좋아요. 진행하다 보면 자칫 마음이 해이해질 때가 있는데, 그때마다 자기 생각이 담긴 글을 읽으며 마음을 다잡을 수도 있거든요. 부모의 피드백 역시 중요합니다. 함께 활동하니 어떤 점이 좋았는지 등에 대해 최대한 구체적으로 피드백을 해주어야 합니다. 아이는 습관을 형성하는 중이고, 이 과정에서 엄청난 자기 성취를 매일 맛봅니다.

● MISSION ● 아이에게 마음 전달하기

- 아이에게 축하 편지를 써주세요. 짧은 카드도 좋아요. 이미 아침 공부를 하는 아이라면 대견함에 감사하다는 내용의 편지도 좋고요. 아직 습관을 잡아가는 아이라면, 대견하다는 마음을 전달해 보세요.

일찍 자고 일찍 일어나는 습관 잡는 법

평소 일찍 자고 일찍 일어나는 습관이 있다면, 아침 시간에 무엇을 해야 할지를 결정하는 데 시간 투자를 하면 됩니다. 하지만 많은 사람들은 늦게 자는 습관을 이미 가지고 있을 가능성이 높지요. 몸과 정신의 휴식을 보장하는 충분한 잠을 매일 잔다고 상상해 볼까요? 생각만 해도 개운하지 않으세요?

일단 일찍 일어나지 못 하는 이유를 따져봐야 해요. 밤에 잠이 안 온다면 다음과 같은 방안을 실천할 수 있어요. 아이에게 일찍 자라고만 하지 말고, 부모가 몸소 보여주고 경험담을 들려주세요. 아침에 함께 알찬 무언가를 한다면 아이도 일찍 일어나고 싶지 않을까요? 일찍 잠드는 집안 분위기, 즉 부모의 패턴을 바꾸셔야 합니다.

잠들기 전에 따뜻한 목욕이나 샤워하기

잠이 안 온다면 침대에 들어가기 전에 따뜻한 목욕이나 샤워를 해보세요. 뜨거운 물로 샤워하면 피부 온도가 상승하고 혈관이 확장되어 체온이 일시적으로 상승하고, 샤워가 끝나면 몸에서 물기가 증발하면서 체온이 점차 낮아진다고 합니다. 몸이 낮은 온도에 적응하기 위해서는 혈관을 수축시켜 체온을 유지한다고 해요. 그래서 샤워하고 나면 몸이 느긋해지고, 피로와 스트레스가 줄어들어 편안한 상태가 되는 것이죠.

샤워 및 목욕은 식사한 지 40분이 지난 후에 하길 권합니다. 음식물이 위장으로 유입되면 위장으로의 혈류가 증가하며 위장 수축 및 이완 운동이 활발해지면서 소화작용이 진행되는데, 이때 갑작스럽게 온도의 변화가 발생하면 위장 기능이 갑자기 저하되어서 소화장애를 유발할 수 있습니다. 식사 후 뜨거운 목욕탕 물에 들어가는 것도 조심해야 해요. 피부

혈관이 이완되면서 많은 혈류가 흐르게 되어, 상대적으로 위장으로의 혈류량은 감소하여 소화 기능이 저하됩니다. 취침 전 따뜻한 샤워의 목적은 몸의 이완, 체온을 낮게 만드는 것이지 위생과 청결을 위함이 아니에요.

따뜻한 물이나 우유 마시기

따뜻한 우유를 마시면 잠이 잘 온다기에 시도해 본 적이 있는데요, 우유 소화 능력이 부족해서인지 우유보다는 물이 오히려 낫더라고요. 다만 취침 전 물을 너무 많이 마시면 새벽에 화장실을 갈 수 있으니, 따뜻한 물을 조금만 마셔 체온을 따뜻하게 합니다.

가벼운 스트레칭이나 요가

가벼운 스트레칭이나 요가를 하면 신체적인 피로를 느끼게 하여 잠들기 좋은 상태가 될 수 있다고 합니다. 단, 취침 전

과격한 운동은 되려 방해가 된다고 하니, 적어도 잠들기 2시간 전에 운동을 마무리하세요.

마사지 하기

아이가 어렸을 때부터 전신 마사지를 해주곤 했어요. 성장할수록 셀프 마사지 하는 방법도 알려주고요. 셀프 마사지도, 상대방을 위해 해주는 마사지도 모두 좋아요. 아이의 손바닥과 손목, 발목과 발바닥을 지압해 주세요. 두피 마사지 하듯 머리를 만져주는 것도 좋고, 목과 어깨도 당연히 좋습니다. 아이가 좀 더 성장하고 나선 아이의 발바닥을 지압할 때, 아이가 엎드린 상태에서 제 발로 아이의 발을 누릅니다. 마사지 받는 사람도 해주는 사람 모두 혈액순환, 만성 피로, 소화 개선에 좋습니다. 특히 발바닥 지압 마사지는 취침 전에 자주 해주었어요. 우리의 제2의 뇌인 피부 접촉은 뇌를 쓰다듬는 것과 같다고 해요. 같은 맥락으로 매일 포옹하는 가족 문화도 있습니다. 몸과 마음을 쓰다듬어 주는 거죠.

일조량은
충분하게

저는 낮에 일부러 블라인드를 걷고 창밖을 보는 시간을 자주 만들어요. 회사에 다닐 때는 일부러 햇볕을 쐬기 위해 점심 시간에 산책했고요. 산책하러 나가기 귀찮을 때는 적어도 창문 근처에 서서 태양을 온몸으로 받아요. 비타민 D를 무료로 섭취하는 거잖아요. 아이들에게도 공부하거나 독서하는 와중에 잠시 멈추고 먼 산이나 하늘을 보자고 자주 권합니다. 물론 밤에는 어려우니 낮 시간을 많이 활용해요. 상대적으로 아이들이 어렸을 때 밖에서 뛰어노는 횟수가 어른보다는 더 많지만, 고학년이 되면 여러 학원에 다니느라 아이들은 낮에 태양을 쐬는 시간이 회사원만큼이나 적을 수 있어요. 볕을 쐬어야 밤에 잠도 잘 자고 건강해진다고 이야기해주세요.

침실,
빛 공해 차단하기

워낙 바쁘게 지내는 사회다 보니 감각공해(인체의 감각기관을 통해 인지되는 시각, 청각, 후각 등을 자극하여 인체에 해를 끼치는 공해)로 고통받는 사람들이 늘어나고 있다고 해요. 아이들에게는 시각을 자극하는 '빛 공해'를 차단하는 것이 중요합니다. 밤에도 빛을 쬐면 인체의 생활 리듬은 깨집니다. 또한 수면 장애, 비만, 당뇨, 우울증 등의 부작용을 일으키며, 뇌에서 분비되는 생체 호르몬인 멜라토닌 분비를 교란시켜 암 발병률을 높인다고 해요.

밤에도 창문을 통해 사방에 빛이 항시 들어온다면, 신체는 밤이라고 인식을 못 할 수 있습니다. 해가 길어진 여름에 아이들의 취침 시간이 겨울보다 늦어지는 걸 경험하셨을 텐데요, 빛 공해를 차단하기 위해 저는 암막 커튼을 사용합니다. 침실을 어둡게 만들어 신체가 밤으로 인식하게 하는 거죠. 확실히 어두워야 잠도 더 잘 오고, 왠지 푹 자는 듯한 기분이 들기도 합니다.

실내 습도, 온도, 환기,
편안한 잠자리

방 온도를 적당하게 유지하는 것도 중요합니다. 우리나라 보건복지부에서는 겨울철 적정 실내 온도가 18~20도이며 실내 습도는 40~60퍼센트를 유지하라고 해요. 거기다 하루 10분 정도 2회 이상 환기하라고 합니다. 여름엔 25.5~26도, 겨울엔 21~22도를 유지하고 있어요. 아이 둘 다 비염이 있고, 걸핏하면 코피를 흘려서 실내 습도에 신경을 씁니다. 가습기와 제습기를 열심히 이용하고, 청결을 유지하는 데 많은 신경을 쓰고 있습니다.

밝기나 습도, 온도도 중요하지만 매트리스나 베개 등을 점검하는 것도 중요해요. 아이가 성장하면서 매트리스의 크기가 적당한지, 베개 높이는 괜찮은지를 체크해 주세요. 일정 기간 매트리스를 한쪽으로 이용했다면 뒤집거나 위아래를 바꾸어도 보고, 침구 관리에도 신경을 써야 합니다. 많은 아이들이 침을 흘리며 잔다거나 코딱지를 파서 베개 아래 두거나 땀을 많이 흘려 이불이 쉽게 더러워질 수 있거든요. 저는 날이 좋으면 태양에 이불도 쬐주고, 건조기 이불 털기 기능도 사용합니다. 뽀송뽀송한 침구는 아이든, 어른이든 스르르 잠들게 하지요.

잠들기 전에
전자기기 멀리하기

요즘 시대엔 이 지침이 가장 중요할 것 같아요. 블루라이트 문제가 점점 사회적 문제로 대두되고 있죠. 스마트폰이나 태블릿 PC 등 전자기기에서 방출되는 블루라이트는 뇌의 멜라토닌 분비를 억제하고 몸의 생체 리듬을 깨뜨려, 뇌를 계속 활성화된 상태로 만들어 잠들기 어렵게 합니다. 수면 패턴이 교란되어 불규칙한 수면 습관으로 쉽게 형성되죠. 아이들이 잠들기 전 스마트폰을 본다면 당장 멈추게 해야 합니다. 사실 아이들보다 어른이 더 심각하지요. 우리도 이런 행동을 멈추려면 엄청난 노력이 필요합니다. 혹시 침대에서 유튜브나 인스타그램 등을 보며 한두 시간을 빼앗겨본 경험이 있으신가요? 다음날, '내가 왜 그랬지? 그러지 말아야지!'라고 생각했는데도, 이 행동이 반복된다면 이미 중독에 가깝다고 볼 수 있습니다. 또한 자는 도중 스마트폰에서 여러 알림음이 울리면, 뇌가 깨어나고 수면의 질은 저하될 수밖에 없습니다. 해결 방안은 간단합니다. 실천만 한다면요.

바로 전자기기를 침실에 가져오지 않는 겁니다. 스마트폰을 시계 알람으로 이용하시는 분들이 많이 계시는데요. 알람 기능이 있는 무소음 알람 시계를 놓으세요. 다시 아날로그 시대로 돌아가 보는 겁니다. 분명 삶과 수면의 질이 달라지는 것을 직접 느끼실 거예요.

저 역시 조금만 신경을 쓰지 않으면 어느새 침실로 전자기기를 가지고 오더라고요. 이 핑계, 저 핑계를 대면서요. 어른도 쉽게 밤새 스마트폰과 침대에서 한 몸이 되기 쉬운데, 아이들은 그 유혹이 얼마나 강렬하겠어요. 점점 스마트폰 중독의 연령이 낮아지는 것을 가벼이 여기면 안 됩니다. 특히 아이와 스마트폰 이용 규칙을 정하실 때, 침실에 스마트폰 가져오지 않기를 꼭 넣으시고, 실천할 수 있도록 관심을 보여주세요. 전자기기 끊기는 대부분 의지로는 이겨낼 수 없는 아주 큰 관문이에요.

요즘 시대에는 스마트폰 관리만 잘해도 생활 습관, 공부 태도 등 모든 것이 잘 해결될 거라는 생각이 많이 들더군요. 전자기기 노출이 아직 덜된 아이라면 경각심을 가지고 관리하시길 당부드리고, 이미 전자기기 노출이 되었다면 전쟁을 선포하고 열심히 방어체제를 갖추시길 바랍니다. 여기서 말하는 방어체제란 현명한 방법으로 전자기기 관리와 가족 모두 지키는 규칙, 바르게 사용하기는 가족 문화를 만들고 실천하는 것입니다.

아직 걷지도 못하는 아이들에게 음식점 등에서 스마트폰을 손에 쥐여주거나 심심하다고 떼를 쓸 때 쉽게 게임기를 안겨주는 것, 부모는 스마트폰과 한 몸으로 생활하면서 아이에게 책 보라고 말하는 행동 등 모두 다시 한번 생각해 봐야 하는 우리의 모습인 것 같아요. 생활 습관을 어떻게 잡느냐가 곧 공부로 이어지기에 전자기기 사용 역시 좋은 본보기가 필요해요. 특히 전자기기 사용은 좋은 본보기뿐 아니라 적극적인 관심과 관리가 필요합니다. 극단적인 말 같지만 아이의 학교 성적은 공부를 열심히 잘하느냐 못 하느냐에서 승패가 난다기보다, 전자기기 사용 관리를 어떻게 하는가에서 승패가 날지도 모른답니다.

● MISSION ● **아침 기상 실천을 위한 체크리스트**

☑ 푹 자고 일찍 일어나기 위해 챙겨야 할 항목들을 체크리스트로 만들어 보세요. 항목은 우리 집과 아이의 상황에 맞춰 만들면 됩니다.

항목	실천 여부	메모
학교 갔다 와서 산책이나 뛰어놀기(20분 이상)	☐	
잠자기 1시간 전 따뜻한 물 마시기	☐	
자기 전 스트레칭(10분)	☐	
실내 온도 체크	☐	
암막 커튼 쳐서 침실 어둡게 하기	☐	
스마트폰 보관함에 두기	☐	
알람 시계 맞추기	☐	

아침 공부를 위해 부모가 생각해야 할 6가지

"자리가 사람을 만든다"라는 말이 있습니다. 중요한 업무나 직책을 맡으면 그만큼의 책임감과 중압감에 걸맞게 성장하고, 결국엔 그 자리에 부합하는 인물로 변할 수 있다는 의미로 사용되죠. '중요한 업무나 직책을 맡는 사람들'이 누구일까를 생각해 보면, 드라마나 영화에서의 회사 대표나 임원, 결정권을 가진 사람들이 떠오릅니다. 여기서 '자리'는 중요한 업무나 직책이겠지만, 물리적인 공간도 함께 생각하게 되더군요. 그들이 머물러 있는 공간이 묘사될 때를 살펴보면, 일반적으로 혼자 사용하는 큰 방에 커다란 창문과 소파, 큰 책상과 컴퓨터, 그리고 화분도 몇 개 놓여있어요.

공간의 중요성

초·중·고 시절에 사용하는 방은 공부하며 미래를 꿈꾸는 생활 공간입니다. 어려서는 잘 먹고 잘 노는 게 중요했다면, 학년이 올라갈수록 공부가 중심이 되니 공부하는 공간과 주변 환경이 중요해지는 것 같아요.

아이와 아침 시간을 활용할 계획을 세우며 제가 가장 고민한 부분이 '공간'입니다. 장차 어떤 모습으로 아이가 성장히길 바라는지를 생각하며 아이들과 함께하는 생활 공간을 그려보았죠. "공간은 마치 거울과 같아서 그 사람의 모습을 보여준다"라는 건축학자 유현준 교수의 말이 떠오릅니다. 아이가 점차 성장해 나가는 모습을 상상하며 물리적 공간을 통해 엄마가 희망하는 모습을 반영시켰어요.

1. 어디에 마련할까? 어떤 책상이 좋을까?

아이와 함께하는 아침 시간의 공간을 많이 고민했습니다. 아침 공부를 어디에서 하면 좋을지에 대해 대화를 나누어 보니, 마치 카페에 온 것 같은 아늑한 분위기였으면 좋겠다고 하더라고요. 이런 공간에서 각자 할 일을 하는 시간을 만들고 싶었습니다.

아이의 요청대로 최대한 따뜻하고 포근한 공간을 연출하려 했어요. 아직 수험생이 아니라 감성 터치가 필요한 어린 아이였기에 엄청난 집중력이 있어야 하는 공간보다는 매일 일어나자마자 앉고 싶게 만드는 공간으로요. 일단 둘만 앉을 수 있는 2인용 나무 테이블에 넓적한 쿠션이 있는 편안한 의자 2개를 놓았어요. 왜 4인용이 아니고 2인용인지 감이 오죠? 첫째와 엄마만의 꿈꾸는 공간이란 것을 강조하고 싶거든요. 물론 둘째가 앉는다고 큰일이 나는 건 아니지만 적어도 상징적인 공간이 되길 바랐죠.

아이와 함께 공부할 때는 2인용 테이블에서 주로 했지만, 둘째가 훼방을 놓을 때를 대비해서 조용한 추가 공간도 필요했어요. 영어 음원을 활용해서 책을 읽는다거나, 줌 수업을 해야 할 때는 아이 방에도 책상을 두어 혼자만의 공간도 만들어 주었습니다.

책상 위치는 9년 동안 수도 없이 바꾸었어요. 지금은 아이가 5살쯤 되었을 때 구매한 책상을 줄곧 거실에 놓아두다가, 고학년이 되면서 자기주도학습으로 넘어갈 때 조용한 공간이 필요할 듯하여 방에 넣었어요. 세월의 손때가 묻은 첫정이 담긴 책상이라 그런지, 아이가 유독 이 책상을 사용하고 싶어 하더라고요. 아이의 행동을 보며 '책상'이란 물체가 '공부, 학습, 독서'를 주는 명백한 신호일지도 모른다는 생각을 제임스 클리어의 《아주 작은 습관의 힘》을 보며 깨닫기도 했습니다.

의도적으로 둘째에게도 같은 방법을 적용했어요. 첫째와 똑같은 책상을 선물하여 거실에 비치했죠. 재미있는 점은 첫째와 자기주도학습 습관을 잡았던 2인용 테이블에서 둘째와는 보드게임이나 그림 그리기 등 놀이 활동을 많이 했더니, 둘째는 이 테이블에 앉으면 학습 모드가 아닌 게임 모드의

신호가 켜지더라고요. 그래서 둘째와 학습할 수 있는 새로운 공간이 필요했어요. 명백한 신호를 주는 장소요. 지금은 모두가 함께 식사하는 4인용 식탁을 책상처럼 활용하여 첫째, 둘째의 공부를 함께 봐주고 있답니다.

2. 침대의 쓰임

지금까지는 책상이나 테이블이 주는 신호와 이를 통해 쌓이는 습관과 태도에 관해 이야기했는데요, 비슷한 맥락으로 침대 위치에 대해서도 한번 생각해 보아요. 어렸을 때 책상을 거실에 두었던 이유는 양육자와 근접한 거리에 있고, 시야에서 벗어나지 않길 바라는 마음 때문이었어요. 자연스럽게 침대와 떨어진 공간에 놓이게 되었죠.

코로나 시기에 재택근무 하며 침대에서 일하고 싶은 유혹으로 곤욕을 치른다는 기사가 쏟아졌어요. 일하는 공간과 휴식 공간 분리 노하우를 소개하는 기사도 많이 보았고요. 침대에서 일을 하나, 책상에서 일을 하나 뭐가 다르겠는가 여길 수 있지만, 부정적인 측면이 많다는 것이 전문가의 소견입니다. 일단 침대에서 일하면 편안하게 누워있을 수 있지만, 이는 몸이 나쁜 자세를 취하게 만들어 척추나 관절, 즉 허리,

목, 손목, 팔꿈치 등에 무리가 갈 수 있습니다. 가장 큰 문제는 두뇌 시스템의 교란입니다. 침대에서 일을 하게 되면, 뇌와 신체가 '침대는 곧 휴식'이라고 생각하는 연결고리를 멈추게 한대요. 이에 따라 불면증과 수면 장애가 증가하고요. 전문가들은 수면의 질이 떨어지고, 신체 고통이 가중되면 업무 생산성이 떨어지고 창의력과 집중력도 저하된다고 합니다.

중학생 시기나 사춘기 시기에 진입하는 아이들의 특징 중 하나가 늘어나는 잠이라고 해요. 사춘기 학생들에게만 독특하게 나타나는 무기력, 무감각, 무열정 상태도 보이고요. 어느 기사를 보니 사춘기 우울증을 경험하는 학생들도 있다고 하더라고요. 어렸을 때부터 침대 역할을 잘 이해하고 이용하지 못했다면, 사춘기 시기에는 침대와 한 몸이 되어 생활할 수 있어요. 책상과 침대가 함께 가까이 있으면 아무래도 심리적으로 더 누워있고 싶고, 무기력한 생활을 할 가능성이 큽니다. 정말 피곤해서 잠을 청하거나 휴식을 취하려 침대를 이용하는 것인지, 사춘기 우울증이나 스트레스, 무기력으로 인해 눈앞에 있는 침대를 도피처로 이용하는지에 대해서도 아이와 대화해 보세요. 만약 무기력 때문이라면 일단 책상에 앉는 것부터 다시 시작하는 것을 제안해 보세요. 사춘기 시기가 되면 마치 퇴행이라도 하듯, 처음부터 다시 시작하는 기분이 들 수도 있어요. 하지만 정말 일시적인 상태라고 생각해요.

책상과 침대, 그리고 방 위치에 대해서 고민해 보세요. 현실적으로 침대와 책상의 위치 분리는 어려울 수 있어요. 아이와 책상과 침대의 쓰임에 대해 정의를 내리는 것도 큰 도움이 됩니다.

부모의 공간

나만의 공간을 갖고 싶다는 욕망은 누구나 있는 것 같아요. 디즈니 영화 〈미녀와 야수〉에서 책을 좋아하는 벨의 환심을 사기 위해 야수가 자신의 서재를 보여주는 장면이 있습니다. 어린 시절 그 장면을 보며, 어른이 되면 나도 서재를 갖고 싶다고 생각했어요.

20세기 가장 혁신적인 작가 중 한 명인 버지니아 울프는 《자기만의 방》에서 여성들도 자기만의 방과 돈이 있어야 한다고 했습니다. 남성 중심의 사회에서 여성이 독립하고 성공하기 위해서는 그에 맞는 정신적, 경제적 자유가 보장되어야 한다는 것을 설파하죠. 이 책에서 방은 단순히 물질적으로 독립된 공간의 의미를 넘어서는 더 큰 의미를 지닙니다. 남성 중심 사회에서 벗어나려면 정신적, 경제적 자유가 보장되어야 한다는 점에 공감해요. 저는 각자의 역량을 빛내며 다녔던 회사에서 지금의 남편을 만나 연애하고 결혼을 했습니다. 단지 아이를 낳은 엄마라는 이유로 경력 단절을 감수해야 했기에, 더 절실히 '나만의 공간'이 필요했어요. 이대로 주저앉아 있을 수는 없다고 생각하면서, 미래를 위해 뭐라도 준비하자는 마음이었죠. 그 시절 엄청난 양의 책을 읽고 서평을 쓰곤 했는데, 지금도 같은 공간에서 이 책을 쓰고 있습니다.

정신적, 정서적 발전을 모색했던 장소인 서재 겸 유튜브 촬영 공간에서 경제 활동이 일어납니다. 유튜브 영상, 집필한 책, 읽은 책과 서평 모두 이 공간에서 탄생하지요. 아이와 함께 활동하면 좋은 교재나 커리큘럼 리서치도요. 이쯤 되면 '자기만의 방'이 부여하는 의미가 무척 크지 않나요?

아이들에게는 부모 모두가 양육자여야 해요. '양육'의 의미는 '아이를 보살펴서 자라게 함'입니다. 이는 부모 모두에게 적용되는 거죠. 그래서 전 '집중 양육자'란 용어를 사용해요. 아이들과 더 오랜 시간 함께 있는 양육자란 의미로, 저희 가정에서는 현재 제가 집중 양육자인 셈이에요. 아이들 곁에는 당연히 보살펴주는 사람이 있어야 합니다. 그래야 아이들은 심리적으로 안정감을 느끼며 성장하죠. '집중 양육자'는 일반적으로 엄마든, 아빠든 살림과 육아를 주로 담당합니다. 제 주변에 이런 삶이 잘 맞는다는 분들도 많이 있어요. 다만 제 경우에는 살림에 크게 관심이 없어 집중 양육자가 되는 것이 더 어려웠어요. 게다가 가정이 제대로 운영되기까지 각자 생각하는 이상적인 가정 문화가 다르기도 했고요. '일방적으로 한 사람만'의 몫이 아닌 '함께'여야 한다고 생각하는 저와 다른 의견을 지닌 남편의 모습을 발견할 때마다 답답함을 느꼈습니다. 여자이자 엄마라는 이유로 당연히 제가 도맡아 하길 바랐거든요. 남자의 사회생활은 어쩔 수 없이 가족을 위해서고, 여자의 사회생활은 욕심이라 여겨질 때면 답답함이 극에 다다랐어요. 그때 이 공간에서 많은 생각을 정리하곤 했어요.

15년째 꾸준한 대화를 하며 이제는 '함께'라는 가정 문화로 더 작동하고 있어요. 아직도 극복하고 넘어야 할 산은 있지만, 최대한 현명하게, 보이지 않는 벽과 적당히 부딪히며 변화를 꿈꾸고 있습니다.

식사 시간의 중요성

일찍 일어나기 위해서는 하루 전날, 특히 저녁 시간이 중요하다는 점에 대해 여러 번 말씀드렸습니다. 저녁 시간에 무엇을 하느냐에 따라 취침 시간이 결정됩니다. 자기 전에 전자기기 멀리하기뿐 아니라 식사 시간 역시 굉장히 중요합니다.

식사 후 음식물이 위장에 머무르는 시간은 약 40분 정도입니다. 위에서 음식물이 일부 소화가 되고, 약 20분 정도 경과하면서 십이지장으로 분해된 음식물이 넘어갑니다. 약 40분 정도면 거의 모든 음식물이 위장에서 소장으로 넘어간다고 해요. 식사의 종류, 식사량, 소화 기능에 따라 다를 수 있는데, 보통 40분에서 120분 또는 그보다 더 걸릴 수 있다고 합니다.

소화되기 전에 잠을 자면 역류성 식도염이나 위염 또는 위암으로 발전할 확률이 높다고 합니다. 수면 장애도 생길 수 있고요. 원래 쉬어야 할 장기들이 억지로 활동하면서 깊은 잠에 못 들게 하는 거죠. 특히 성장하는 아이들은 양질의 수면이 필요한데, 소화를 덜 시킨 채 잠자리에 들면 수면 시간 대비 숙면을 취하지 못 할 수 있다고 합니다. 마지막으로 비만 역시 종종 거론됩니다. 저도 부모님으로부터 "밥 먹고 바로 자면 살쪄!"라는 말을 들으며 자랐는데요, 남동 미주리 주립대학 건강증진학 제러미 반스 교수는 밥 먹고 잠드는 행위 자체가 살을 찌게 하는 것은 아니라고 해요. 칼로리 섭취량이 에너지 소비량을 초과한 채 장기간 지속되었을 체중이 증가하는 거죠. 다만, 비만이 매번 언급되는 이유는, 활동량이 적은 밤에는 에너지를 덜 소모하기에 남은 열량이 지방으로 축적되기 때문입니다.

아이들의 취침 시간이 8시라면, 식사 시간을 최대한 앞당겨서 5시 반, 적어도 6시 전으로 맞춰보세요. 매번 엄격하게 지키진 못했지만, 최대한 비슷한 시간으로 맞추려 노력했습니다. 하교했을 때 간식을 주는 대신, 저녁을 일찌감치 먹였어요. 준비하는 음식 종류에 따라 요리하는 데 걸리는 시간이 다르니 이 점도 미리 고려해야 하는 일 중 하나였지요. 어차피 저녁 식사를 아빠를 포함한 온 가족이 먹는 이상적인 가정 분위기를 연출할 수 없었기에, 저녁에 일찍 자고 다음 날 새벽에 아빠를 만나는 것으로 절충했습니다. 주말에만 함께 식사해도 가족의 사랑은 느낄 수 있다고 판단했거든요. 오은영 박사님의 부모 십계명 중 "아이와 보내는 시간의 양보다 질에 더 신경 쓰세요"라는 조언을 받아들이고, 주말에 아이에게 집중해서 양질의 시간을 함께 보내려 노력했어요.

저녁 시간을 실천하기 어려운 가정이 있다면, 어떤 식으로 절충할 수 있을지 고민해봐야겠죠. 지인의 사례를 들려드릴게요. 한 가정은 두 분 다 선생님이에요. 상대적으로 맞벌이지만 일반 회사원보단 시간적 여유가 있더군요. 유치원 픽업 담당은 번갈아 가며 하는데, 당일에 픽업한 사람이 다른 가족 구성원이 귀가하기 전까지 아이의 샤워, 저녁 식사, 숙제까지 모두 맡아요. 주말에 아이의 미용실 예약이나 체험학습을 번갈아 가며 담당하고요. 물론 여행은 같이 준비하죠. 부부가 번갈아 가며 육아하고, 휴식이나 운동, 개인 업무를 처리하는 듯 보였어요. 부부의 출근 시간이 동일하기에 늦잠은 상상도 못 한다고 해요. 아이도 아침 일찍 일어나서 부모님과 함께 집을 나오는 거죠. 이 아이는 성장하면서 자연스럽게 아침에도 조금씩 공부하며 등교하는 습관을 키울 수 있을 거라는 생각이 들었어요.

다른 사례는 둘 다 금융회사에 다니는 가정이었어요. MBA 과정을 함께한 동기인데, 저와는 다르게 출산 후에도 여전히 근무하고 있어서 그 비법을 물어본 적이 있어요. 친정 부모님과 시부모님이 번갈아 가며 아이를 담당해 주시더라고요. 도우미 이모님도 고용하면서요. 들어보니 친정 부모님이 아이를 양육해 주실 땐 아이 엄마가 살짝 여유가 생기고, 시부모님이 아이를 양육해 주실 땐 아빠가 다소 숨이 트인 생활을 한다고 말해줘서 한참 웃었던 기억이 납니다. 이 경우에는 저희 가정에서 하는 방식으로 아침 시간을 활용할 수 있을 것 같아요. 집중 양육자가 저녁 식사 및 취침까지 마무리하고, 다음 날 아침에 부모를 만나거나 주말을 이용하는 방식으로요.

대부분 귀가 시간이 늦은 가정에서는 퇴근하는 부모님을 기다리고, 저녁 시간을 보낸 뒤에 늦게 잠자리에 든다고 해요. 그러다 보면 10~11시가 되기도 하고, 때때로 자정을 넘기도 하고요. 부모의 귀가 시간이 늦지 않아도 이런 패턴으로 생활하는 가정이 있을 수도 있습니다. 학교를 안 다닐 때는 큰 문제가 없지만, 학교에 다니기 시작하면 그때부터 아침마다 전쟁을 치를 수밖에 없습니다. 더군다나 이와 같은 패턴이 습관으로 자리 잡히면 성장호르몬이 왕성하게 분비되는 시간을 놓칠 수 있고요. 앞에서 언급한 것처럼 잠자고 싶다는 신호를 보내는 수면 호르몬인 멜라토닌 분비가 사춘기 시기에는 평소 취침 시간보다 대략 2시간 늦게 분비된다고 합니다. 평소 자정쯤에 자던 아이라면 사춘기 시기엔 새벽 2시나 되어야 잠이 들 수 있다는 거예요. 그러니 초등 시기엔 어찌어찌 등교시켰는데, 청소년기에 접어들면 아이를 등교시키는 일이 큰 전쟁일 수도 있어요. 질적, 양적으로 숙면을 못 할 가능성도 크고요. 그러면 당연히 다음날 학교 수업 시간에 영향이 미치겠지요. 저녁 식사 시간을 앞당겨 취침 시간을 일찍 세팅하는 건 중·고등학생 때의 학교생활에 밀접한 영향을 줄 수 있어요. 어찌 보면 아침에 일어나 건설적인 무언가를 하느냐 마느냐보다 아이들과 아침 전쟁을 치르느냐 마느냐, 학교에 지각을 하느냐 마느냐가 현실적으로 더 골칫거리일 수도 있어요.

학군 이전에
더 중요한 가정 분위기

건축학자 유현준 교수는 "지식은 책에서 배우고 지혜는 자연에서 배운다"라고 했습니다. 저는 숲세권을 이상적인 거주 지역이라 생각했어요. 역세권에서 떨어진 조용한 곳을 원해서 아이가 4살이 되었을 때 북한산 아래에 있는 지금의 아파트로 이사했지요. 아이가 어릴 때는 놀이터 같은 공간, 조금 더 성장했을 때는 도서관 같은 거실 공간을 만들고 싶었어요. 앞에서 언급한 제 서재도 만들고요.

미국에서 중·고등학생 시절을 보냈던 캘리포니아의 작은 도시 데이비스Davis는 시끄러운 도시 생활이 아닌 조용하고 여유로움을 만끽할 수 있는 곳이에요. 캘리포니아 주립대학교UC Davis 캠퍼스가 데이비스 시 전체라고 해도 될 정도로 큰 비중을 차지하고요. 데이비스 시민 대부분이 이 대학과 직간접적으로 연관이 되어있을 정도로 칼리지 타운으로 형성된 곳이죠. 어렸을 땐 몰랐는데 데이비스는 대학도시라는 환경 영향으로 미국 내에서 시민의 학력 수준이 높은 도시 중 하나입니다. 면학 분위기가 자연스럽게 형성되고, 주위 어디를 둘러봐도 푸르른 녹지가 있는 곳이었죠.

유년 시절에 수많은 공원의 넓은 잔디를 밟으며 뛰어놀았던 터라 한국에 와서도 시끄러운 도시보단 외곽 지역을 더 선호했어요. 그것이 더 아이에게 도움이 될 거라 생각했죠. 초록 식물도 의도적으로 집 안 곳곳에 놓았어요. 공기 청정의 목적도 있지만 우리 가족의 스트레스 지수 완화, 평온한 감정을 유지하는 데에 도움을 준다고 해서 최대한 잘 키우려 노력 중입니다.

아이가 성장하면서 학군지와 비학군지에 대해 뒤늦게 인지하게 되었어요. 아이가 어렸을 때 공부에 큰 관심을 두기보단 '건강하게만 자라다오'에 초점이 맞추어졌기에 산이나 계곡, 연못 산책로를 거닐며 많이 뛰놀게 했지요. 하지만 중학교에 입학하면서부터 '학군'을 고민하게 되더군요.

학군은 '지역별로 나누어 설정한 몇 개의 중학교 또는 고등학교의 무리'라는 뜻이에요. 하지만 '학군이 좋다, 나쁘다' 할 때 쓰는 학군은 '중고등학교 수준, 학원 인프라, 부모의 학력 수준 및 경제적 위치, 교육에 관심 있는 동네 분위기' 등 교육 환경을 포괄적으로 사용하는 용어더군요.

중학생이 되어 사교육 시장에 문을 두드리려다 보니 원하는 기관이 근접한 거리에 없어 당황한 적이 있어요. 정말 학군 때문에 이사를 해야 할 만큼 학군이 중요한지에 대해 구체적으로 고민했어요.

하유정 선생님의《초등 공부 습관 바이블》에서 '좋은 학군은 면학 분위기가 좋은 학교'라고 언급해요. 학교는 가정을 제외하고 아이들이 가장 오랜 시간 머무르는 곳이기에 아이의 삶에 거대한 변수가 될 수 있어요. 학교의 수준은 학교 구성원의 관계, 면학 분위기, 수업의 질, 진로 교육 등으로 결정될 수 있는데, 이때 학군은 학교 수준을 일컫는 것이지 유명 학원이 밀집한 곳이 아니라고 해요. 이왕이면 좋은 학군에 유명 학원이 밀집한 곳에 거주하면 좋겠지만 모든 요건을 충족시키지 않으니 선택이 필요하겠죠.

학군에 대해 고민하기 전에 가정 분위기, 성장하는 환경, 교육의 적극성, 그리고 아이의 성향을 고려해 봐야 합니다. 특히 아이의 공부 그릇에 대해서 진지하게 생각해 봐야 해요. 학군에 진입한다는 말은 공부를 잘하러 가는 것이 아니라 이미 잘하는 아이가 더 잘하러 간다고 하잖아요. 그래야 큰 효과를 볼 수 있지, 자칫하면 자존감만 떨어질 수 있습니다. 학군보다 더 중요한 것은 부모의 관심과 아이의 의지입니다. 뭐든 가정에서부터 출발하는 거잖아요. 아이들이 안정된 가정 환경에서 성장하는 것이 가장 중요합니다. 이는 중·고등학생이 되어서도 변하지 않아요. 학군은 좋을 수 있지만 그것만 가지고 아이들이 잘 성장한다고 보장할 수 없어요. 일부 가정에서는 학군이 좋아도 부모와 아이들간의 의사소통이 원활하지 않거나 가정 분위기가 침체되어 아이들의 성장과 발전을 방해할 수도 있으니까요. 아이들에게 가장 큰 영향을 미치는 것은 학군이 아니라 가정 환경이라고 생각해요.

인간은 자신의 의지로 환경을 얼마든지 극복할 수 있다고 믿어요. 물론 대다수 아이들은 환경의 영향을 받습니다. 교우 관계로 인해 우리 아이가 변했다는 이야기를 종종 들어요. 중요한 시기에 친구를 잘못 만나서 우리 아이가 나빠졌다고요. 물론 그런 생각이 들 수 있어요. 하지만 판단은 아이가 스스로 하는 거예요. 그러니 부모는 아이가 올바른 판단 능력을 키울 수 있도록 신경 써야 합니다. 나아가 우리 아이를 좋은 친구, 이타적인 행동을 하는 아이로 키워서 주변 친구들에게 좋은 영향을 끼칠 수 있도록 가정교육을 하는 것이지요.

자신의 인생은 자신이 설계하는 거잖아요. 아이가 단단하고 성실한 아이로 성장하길 바란다면, 부모는 교육 철학을 뚜렷하게 세워 밀고 나가야 합니다.

주거환경 관리 : 정리와 청소

아이와의 아침 공부를 실천하기 위해 부모가 신경 써야 하는 부분은 쾌적한 집을 만드는 일 즉, 정리와 청소입니다.

집이 더러우면 먼지, 곰팡이, 박테리아 등이 번식할 가능성이 커 호흡기 질환, 알레르기, 피부질환 등의 건강 문제를 유발할 수 있어요. 집 안 환경이 지저분하면 불안감을 느끼거나 통제력을 잃을 수 있다고 합니다. 집은 안정감을 느끼며 쉬고 싶은 공간입니다. 그런데 하교 후 어질러진 집에 들어서면 편안하게 쉴 수 없겠죠. 심지어 집에 오기 싫어질지도 몰라요. 더러운 환경은 스트레스를 유발하고 집중력을 방해하여 일상생활에 지장을 줄 수 있어요. 안전상 문제가 발생할 수도 있고요. 정리 정돈이 안 되면 물건에 넘어실 수도 있고, 미끄러운 바닥 등으로 인해 다칠 가능성도 있지요. 만약 책을 아무렇게나 쌓아놓으면, 책이 무너지며 사고로 이어질 수 있습니다. 생산성에도 차질이 생길 수 있어요. 설거지를 해놓지 않으면 다음 식사 준비를 할 때 요리 시간이 늘어날 수밖에 없어요. 설거지와 요리를 한 번에 해야 하니까요. 공부도 마찬가지예요. 책상 정리를 고집하는 이유는 집중력 저하뿐 아니라, 책상 정리를 하는 시간 때문에 실제 할당해 놓은 공부 시간이 줄어들기 때문에요.

2009년 한 연구에 의하면, 집을 '복잡하고, 혼란스럽고, 지저분하다고' 묘사한 여성은 코르티솔(스트레스 호르몬) 수치가 더 높고, 온종일 감소할 기미가 안 보였다고 합니다. 2016년 정신건강 문제가 있는 사람들을 대상으로 한 조사에서는 무질서한 생활 공간이 집과 삶에 대한 만족도에 부정적인 영향을 미친다는 결과가 나오기도 했고요.

가난에서 탈출하려면 집 정리부터 해야 한다는 말이 있죠. 성공한 사람들 또는 대단한 부자들은 일반적으로 집 정리가 잘 되어 있다고 합니다. 집을 잘 정리한다는 의미는 일상생활에서의 조직과 계획성을 훈련하는 것과 관련이 있어 보입니다. 물론 모든 성공한 사람들이 집 정리를 잘하는 것은 아닐 거예요. 집 정리 능력이 성공과 직접적인 연관되는 것은 아닐 수 있지만, 성공적인 삶을 위해 일상적으로 필요한 습관 중 하나일 수는 있습니다. 〈뉴욕타임스〉 기자 찰스 두히그가 쓴《습관의 힘》에서도 핵심 습관으로 침대 정리를 언급해요. 아침에 침대를 정리하는 습관은 뛰어난 생산성과 높은 행복지수, 분수에 맞는 경제 감각 등과 통계적으로 밀접한 상관관계를 갖는다고 합니다. 침대 정리를 시작으로 전반적으로 집 정리가 잘 되어있어야 성장하는 아이에게 긍정적인 영향을 줄 수 있습니다.

건강 :
운동과 식습관

아이들이 매사에 적극적이길 원한다면 최상의 건강 상태를 유지해야 합니다. 영양가 높은 음식을 골고루 섭취하고, 규칙적인 운동으로 성장판을 자극하고, 심리적으로 안정감을 느낄 수 있는 가정 분위기를 만들어야 하지요.

아침 공부를 실천하는 데에는 잠 못지않게 운동의 역할도 큽니다. 저희 아이들은 공부 학원에 가는 대신 운동을 꾸준히 했어요. 건강한 신체와 멘탈을 가지려면 운동을 해야 해요. 개인 운동도 좋지만, 학교 친구들과의 팀 스포츠 활동은 학교 폭력 예방 차원으로 도움이 된다고 합니다. 운동을 해야 체력이 좋아져서 공부도 잘 할 수 있습니다. 저희 아이는 어려서부터 축구, 수영, 농구 등을 했어요. 수영은 유치원생 때부터 시작해서 초등학교 6학년까지 꾸준히 했고, 주말에는 아빠와 함께 농구나 수영을 합니다. 아이가 성장하면서 부모와 멀어지게 되는 계기가 무척 많은데요, 운동을 통해 관계를 오히려 더 강화할 수 있어요. 서로에 대해 더 많은 이해와 지지를 얻어 스트레스와 불안을 줄일 수 있고, 유대를 강화시켜 가족 구성원간의 소통과 상호작용이 증가할 수 있지요. 존중과 이해를 증진시키는 방법 중 하나는 부모와 함께 운동하는 거예요.

건강을 잃으면 아무것도 소용이 없어요. 아이가 태어났을 때, '건강하게만 자라다오'라는 초심을 잃지 않으려 노력하고 있어요. 특히 변화무쌍한 한국의 교육 시스템에서 우리 아이들의 몸과 마음 건강을 지켜내는 것은 바로 부모니까요. 도리어 우리가 벼랑 끝으로 내몰고 있는 것은 아닌지 계속 자문해야 해요. 아이들의 운동, 잠, 식사 균형을 잘 잡아서 아침 시간을 잘 활용하는 것을 목표로 해야 해요. 아침 공부의 취지는 많은 양의 공부를 해치우겠다는 것이 아니라, 좋은 습관 형성을 어려서부터 즐거운 마음으로 부모와 함께 해나가는 거예요. 여기서 '즐거움'과 '건강하게'가 빠지면 안 됩니다. 사춘기 시기에 잠이 많아지거나, 심리적으로 무기력증을 보이더라도 어렸을 때부터 아침 공부를 실행한 아이들은 결국 자신에게 좋은, 바른 방향으로 나아갈 거예요.

MISSION **우리 가정에 맞는 저녁 식사 시간 생각해 보기**

- 여러분 가정에서 저녁 시간을 어떻게 사용할지, 평일과 주말을 나누어 생각해 보세요.
  평일과 주말 저녁 식사 시간을 동일하게 지키는 것이 가장 좋겠지만, 현실적으로 주말에 많은 변수가 있기에 지키기 어려울 수 있어요. 원칙을 지키려 노력하지만 변수에 대해선 융통성 있게 임하셔야 합니다. 저희 가정에서는 5시 반~6시 반 사이에 식사를 하려고 노력합니다. 여행을 가지 않는 한 주말 역시 비슷한 시간에 식사합니다. 외식을 하더라도 바쁜 시간인 6~7시 사이가 아닌 6시 전에 음식점에 갑니다. 그래야 원하는 시간인 8시에서 9시 사이에 취침을 할 수 있어요.

아이와 부모가 함께 읽으면 좋은 책

초등 중학년부터 부모와 함께 읽으면 좋은 책

문학적 소양을 키워줄 수 있는 책을 함께 읽고, 책수다 떠는 데 많은 시간을 할애합니다. 아이들은 이미 독서의 중요성에 대해 귀가 따갑게 들었을 거예요. 저희 가정에서 아이와 함께 읽은 책 추천 목록입니다. 책과 사랑에 빠지게 하는 책부터 인문학적 배경지식을 넓히고 공부의 본질에 대해 깨닫는 데 도움을 주는 책들입니다.

- **채사장의 지대넓얕 1~8** | 채사장 지음 | 웨일북
- **한국을 빛낸 100명의 위인들** | 양은환 지음, 수아 그림 | M&Kids
- **10대들을 위한 나의문화유산답사기** | 유홍준 원저, 김경후 지음, 이윤희 그림 | 창비
- **어린이를 위한 역사의 쓸모 1, 2, 3** | 최태성 지음 | 다산어린이
- **의사 어벤저스** | 고희정 지음, 조승연 그림, 류정민 감수 | 가나출판사
- **10대를 위한 정의란 무엇인가** | 마이클 샌델 지음, 신현주 옮김, 조혜진 그림/만화, 김선욱 감수 | 미래엔아이세움
- **정재승의 인간 탐구 보고서** | 정재승 지음 | 아울북

- **이토록 공부가 재미있어지는 순간** | 박성혁 지음 | 다산북스
- **천재가 어딨어?** | 그랜트 스나이더 지음, 공경희 옮김 | 윌북
- **책 좀 빌려줄래?** | 그랜트 스나이더 지음, 홍한결 옮김 | 윌북
- **딱 하나만 선택하라면, 책** | 데비 텅 지음, 최세희 옮김 | 윌북
- **최재천의 동물대탐험** | 황혜영 지음, 박현미 그림, 안선영 해설, 최재천 기획 | 다산어린이
- **빅티처 김경일의 생각 실험실** | 김경일, 마케마케 지음, 고고핑크 그림 | 돌핀북
- **감정에 이름을 붙여 봐** | 이라일라 지음, 박현주 그림 | 파스텔하우스
- **뭐가 되고 싶냐는 어른들의 질문에 대답하는 법** | 알랭 드 보통 지음, 신인수 옮김 | 미래엔아이세움
- **어린이를 위한 그릿** | 전지은 지음, 이갑규 그림, 노규식 감수 | 비즈니스북스
- **세상 밖으로 날아간 수학** | 이시하라 기요타카 지음, 와다 도시카 그림, 김이경 옮김 | 파란자전거
- **이런 수학은 처음이야 1, 2, 3** | 최영기 지음 | 21세기북스
- **라면을 먹으면 숲이 사라져** | 최원형 지음, 이시누 그림 | 책읽는곰

청소년기부터 부모와 함께 읽으면 좋은 책

인생을 바라보는 눈은 각자의 경험과 가치관, 신념을 반영하지요. 아이 역시 아이만의 관점을 가지고 세상을 살아가길 바라는 마음에서 고른 책을 소개합니다. 중학생이 되니 부모가 읽는 책

을 아이가 종종 따라 읽더군요. 부모의 책장에 좋은 책이 있을수록 아이의 책 보는 수준 역시 높아질 것입니다. 그래서 청소년용 도서만이 아닌, 어른들이 보는 책까지 목록에 포함시켰습니다.

- **스타트 위드 와이** | 사이먼 사이넥 지음, 윤혜리 옮김 | 세계사
- **21세기를 위한 21가지 제언** | 유발 하라리 지음, 전병근 옮김 | 김영사
- **침대부터 정리하라** | 윌리엄 H. 맥레이븐 지음, 고기탁 옮김 | 열린책들
- **프레임** | 최인철 지음 | 21세기북스
- **그릿** | 앤절라 더크워스 지음, 김미정 옮김 | 비즈니스북스
- **질서 너머** | 조던 피터슨 지음, 김한영 옮김 | 웅진지식하우스
- **숨결이 바람 될 때** | 폴 칼라니티 지음, 이종인 옮김 | 흐름출판
- **미라클 모닝** | 할 엘로드 지음, 김현수 옮김 | 한빛비즈
- **미드나잇 라이브러리** | 매트 헤이그 지음, 노진선 옮김 | 인플루엔셜
- **소크라테스 익스프레스** | 에릭 와이너 지음, 김하현 옮김 | 어크로스
- **이기적 유전자** | 리처드 도킨스 지음, 이상인 옮김 | 을유문화사
- **아주 작은 습관의 힘** | 제임스 클리어 지음, 이한이 옮김 | 비즈니스북스
- **열두 발자국** | 정재승 지음 | 어크로스
- **타이탄의 도구들** | 팀 페리스 지음, 박선령·정지현 옮김 | 토네이도
- **정의란 무엇인가** | 마이클 샌델 지음, 김명철 옮김 | 와이즈베리
- **식탁 위의 세계사** | 이영숙 지음 | 창비

- **세계의 절반은 굶주리는가?** | 장 지글러 지음, 유영미 옮김 | 갈라파고스
- **하고 싶은 건 없지만 내 꿈은 알고 싶어** | 김태연 지음 | 체인지업
- **그대들 어떻게 살 것인가** | 요시노 겐자부로 지음, 김욱 옮김 | 양철북

자녀교육 추천 도서 목록

실질적인 자녀 교육서입니다. 자녀 교육 철학을 세우는 데 큰 도움이 된 책입니다.

- **오은영의 마음처방전 세트(행동, 성장, 감정)** | 오은영 지음 | 웅진리빙하우스
- **질문이 있는 식탁 유대인 교육의 비밀** | 심정섭 지음 | 예담
- **최고의 교육** | 로베르타 골린코프, 캐시 허쉬-파섹 지음, 김선아 옮김 | 예문아카이브
- **엄마의 말하기 연습** | 박재연 지음 | 한빛라이프
- **경이감을 느끼는 아이로 키우기** | 카트린 레퀴예 지음, 김유경 옮김 | 사람의집
- **아이를 위한 하루 한 줄 인문학** | 김종원 지음 | 청림Life
- **초등 공부 습관 바이블** | 하유정 지음 | 한빛라이프

Chapter 4

아이주도 5단계 아침 공부법

동기는 시작을 만들어 주고,

습관은 계속하게 만들어 준다.

Motivation is what gets you started. Habit is what keeps you going.

– 짐 로언Jim Rohn

아이주도 아침 공부를 시작하는 데 필요한 것

하교 후 다양한 활동들로 바쁜 우리 아이의 학습 습관을 잡아주기 위해, 황금 같은 아침 시간을 활용해 보았습니다. 그간 고민하고 시도한 것들과 시행착오를 겪으며 깨달은 점을 이야기해보았어요. 저희 아이들과 함께 시도했던 제 경험담을 참고하여, 여러분 가정의 아이 기질과 성향을 관찰해 보세요. 여러분만의 더 좋은 아이디어가 무궁무진하게 떠오르길 바랍니다. 또한 크고 작은 성공과 실패의 경험을 통해 한층 더 성장하시길 바랍니다. 저 역시 시행착오를 겪으며 고민하고 나아가다 보니, 더 나은 방도와 방책이 생겨났어요.

아이가 성장함에 따라, 지도 방법을 업그레이드하는 기분으로 고민하며 적용하고 있습니다.

아침 루틴을 시스템화하기 위해 아이와 함께 아래의 항목을 실행합니다. 아침 공부를 몸에 배도록 하기 위해 4주간(약 한 달) 실천해 보세요. 일단 해보고, 그 후에 지나온 단계를 되짚어보며 다시 처음부터 시작하면 됩니다.

4주간 아침 공부 루틴 만들기

- 1주, 시동 걸기 주간 : 대화, 목표 설정, 가상 스케줄 짜고 실천해 보기
  (*1주 차에는 책에서 소개하는 1~3단계를 진행해 보면 됩니다.)
- 2주, 시범 주간 : 실천한 가상 스케줄의 개선사항 및 자신의 공부 스타일, 선호도 반영하여 다시 짜기
- 3주, 찐 공부 주간 : 수정된 스케줄로 진행하기, 공부하며 느끼는 감정 기록 및 대화
- 4주, 습관 정립 주간 : 나의 스케줄을 몸에 익히기, 공부량 및 진도는 항상 체크

1단계, 아침 시간 활용에 대한 충분한 사전 대화

아이와 함께하는 아침 공부의 핵심은 아이의 마음 헤아림입니다. 아이와의 사전 대화는 필수예요. 일방적인 부모의 제안이나 통보, 이를 통한 반 강압적인 약속은 아침 공부를 결코 지속 가능하게 하지 않습니다. 대화 도중 아이가 하는 '약속'이 진짜 약속인지, 엄마가 듣고 싶은 말을 그 순간에 들려주는 것인지 잘 파악해야 해요. 사전 대화 시간에 공을 들이면 들일수록 아이와의 진솔한 대화를 통해 명확한 방향을 잡을 수 있습니다. 그러면 습관으로 자리잡는 것이 훨씬 더 수월하지요.

제가 저희 아이들과 대화를 나누며 강조했던 부분은 이 점이었어요. 엄마 아빠를 위한 공부나 습관 만들기가 아니라, 스스로를 위한 시도라는 것을 강조했어요. 왜 해야 하는지 모르는 상태에서 계속하라고 하면 아이는 튕겨 나갈 수 있거든요. 어려서 다소 순종적인 아이도 초반에 잘 따라오다가도 억울함과 귀찮음, 죄책감과 미안함 같은 복잡한 마음이 쌓이지요. 학년이 올라갈수록 점점 반항하는 식으로 감정을 표출할 수도 있습니다. 특히 사춘기 때는 극적으로 반항할 수도 있어요. 그건 아이들이 변한 게 아니라 자신의 소신을 제대로 못 밝혔던 억울함의 폭주일 수도 있어요.

공부를 하느냐, 마느냐의 선택권은 아이에게 없어요. 이런 걸 설득하는 것이 대화가 아니에요. 공부는 우리가 밥 먹고, 씻고, 자는 것처럼 당연히 해야 하는 것 중 하나입니다. 독서도 마찬가지고요. 그저 공부를 혹은 배움을 언제, 어떻게, 무엇으로, 어디서 하는지를 논의하기 위해 대화를 하는 거죠. 이때 명령조나 강압적인 자세, 지시를 내리는 식으로 대화를 진행해서는 안 됩니다.

아이가 어리다고 대화를 소홀하게 여기면 안 됩니다. 아이가 원하는 바를 진심으로 부모도 함께 고민해야 해요. 남이 좋다고 해서 나도 따라 해봐야지 하는 마음으로 시작하면 실패할 확률이 높을 수밖에 없어요. "다 너 잘 되라고 시키는 거잖아"라는 식의 대화를 이끌어가시면 절대 안 돼요. 정말 아이가 잘되길 바란다면 무작정 맹목적으로 공부를 시키거나 '묻지 마. 아침 공부' 식으로 해서는 안 됩니다. 단기적으로는 가능해도 장기적으론 지속 가능하지 않을 수 있어요. 결국 모래 위에 쌓은 성처럼 사춘기와 같은 파도가 한 번 몰아치면 와르르 무너질 수 있답니다.

어릴수록 좋은
아침 습관 잡기

아이가 어리면 어릴수록 아침 습관 잡기가 더 좋을 거라고 생각하고, 관련 도서도 읽곤 했어요. 공부 역시 마찬가지예요. 첫째가 초등학교 3학년, 둘째가 초등학교 1학년에 시작하는 과정을 보니, 초등학교 1학년도 충분히 잘하겠더라고요.

아이 나이가 어리면 어릴수록 왜 공부를 해야 하는지, 습관을 왜 잡아야 하는지 등 원초적인 질문을 할 수 있습니다. 이런 질문은 생각하고 있다는 증거이니, 아이의 태도를 긍정적으로 바라봐 주세요.

초등학교 1학년인 둘째 딸과의 아침 공부는 어느 정도 성공적으로 보여요. (물론 시간이 지나며 아이가 변할 수도 있지만, 지금 이 시점을 두고 봤을 때는 만족스럽습니다.) 아이는 아침에 일어나자마자 이부자리를 정리하고, 엄마 근처에 있는 책상에 앉습니다. 그리고 등교 전 하고 싶은 것을 하나둘 끝내요.

첫 주에 아이와 나누면 좋을 대화 소재

공부가 마냥 즐거울 수 없다는 건 우리 모두 알고 있어요. 이미 아이들도 느끼고 있을지 모르겠네요. 부모가 뭔가를 가르치려 할 때, 아이들 거부감이 들 수 있습니다. 하지만 이를 공부가 아닌 '나의 발전, 멋지게 성장하는 나'라는 방향에 무게를 두면 다르게 느낄 수 있어요. 그래서 지도자는 성과 중심이 아닌 과정 중심으로 관찰과 칭찬, 보상과 인정을 해주는 것이 중요합니다. 아이들은 눈치가 백단이잖아요. 조금이라도 가르치려 들면 아이들은 마음의 벽을 쌓으려 들어요. 이 점을 염려해 두고 아이와 대화를 나누세요.

첫째에 이어 둘째 아이 역시 왜 공부를 해야 하느냐고 물어본 적이 있어요. 같이 해답을 찾아가는 대화를 여러 차례 했지만, 앞으로도 꾸준히 이러한 대화를 나누게 될 것 같아요. 아이가 성장하면서 비슷한 주제더라도 좀 더 깊이 있는 대화를 하게 되겠지요? 최근 이 질문에 대해 둘째 아이는 학교 시험에서 100점을 받으려고, 사람들이 해야 한다고 하니까, 남들이 다 하니까 등등 다양한 답을 하더라고요. 아이들과 나누었던 대화 몇 가지를 소개해 볼게요. 저는 대답하기 전에 항상 아이의 생각을 물어요. 질문자의 생각을 먼저 들어보는 것이지요.

제 대답은 그때그때 상황에 따라 다르고 거창하지 않습니다. 아이 눈높이에 맞춰 다소 유치한 답을 하며 제안했어요.

예시 1. 멋진 친구로 성장하기

엄마: 운동장에서 어떤 친구가 멋져 보여?

아이: 운동 잘하는 친구요.

엄마: 음악실에서는 어떤 친구가 멋져 보여?

아이: 노래 잘하는 친구요, 피아노 잘 치는 친구요.

엄마: 교실에서는 어떤 친구가 멋져 보여?

아이: 공부 잘하는 친구요.

엄마: 넌 어떤 친구가 되고 싶어?

아이: 친구들이 날 좋아하고 멋지다고 생각했으면 좋겠어요.

엄마: 네가 멋져 보인다고 생각하는 친구의 모습을 네가 하면 되는 거야.

예시 2. 학급 회장이 되고 싶은 아이

아이: 엄마, 학급 회장이 되고 싶은데 어떻게 하면 되나요?

엄마: 너는 어떤 친구가 회장이 되면 좋을 것 같아?

아이: 친절하고, 공부 잘하고, 운동 잘하고, 선생님 말씀 잘 듣는 친구요.

엄마: 그걸 네가 하면 되겠네. 매사에 열심히 임하고 배려심 많은 행동을 평소에 보이면 친절하고 적극적이란 인상을 친구들에게 줄 수 있어. 학생이 교실에서 열심히 뭘 해야 할까?

아이: 공부요.

엄마: 그렇지! 공부를 꼭 가장 잘해야 하는 건 아닐 수 있지만, 너무 못하면 어떤 업무를 할 때 그 친구가 믿음이 안 갈 수

있겠지? 만약 선생님인데 수업 내용을 잘 모르셔. 그럼 넌 선생님을 믿고 배울 수 있겠어? 그거랑 마찬가지야.

아이: 공부 잘하고, 친절하면 회장이 될 수도 있겠네요.

엄마: 꼭 회장이 안 되더라도 바른 어른으로는 성장할 수 있지. 그런 태도가 살면서 정말 중요하더라.

초등 저학년
눈높이 대화

초등학교 저학년 아이와의 눈높이 대화 에피소드도 하나 소개할게요. 초등학교 1학년에는 덧셈, 뺄셈, 한글 맞춤법을 배워요. 그래서 국어, 수학을 거론하며 이야기를 나누었죠. 어른이 되었는데 덧셈, 뺄셈을 못하면 어떨 것 같은지, 어린 친구가 맞춤법을 물어봤는데 제대로 대답을 못 하면 어떨 것 같은지 상상해 보자고 했어요.

초등학교 저학년 때엔 부모가 책을 읽어주는 것이 여전히 좋다고 해요. 그리 실천하려 마음을 먹었는데, 아이가 스스로 읽으려는 노력을 전혀 하지 않는다는 걸 눈치챘어요. 한글

'아, 야, 어, 여'는 알지만, 문장에 있는 "우리는 가족이다"라는 문장을 읽어내길 힘들어하며 포기부터 하더군요. 책을 좋아하는 아이지만, 읽어내는 과정을 힘들어해서 아예 읽으려는 노력조차 안 할 때가 있었어요. 초등학교 입학하기 전에는 조바심 내지 않고 기다렸어요. 하지만 개선되지 않아 독서력과 독해력을 키우기 위해 저와 한 쪽씩 번갈아 가며 읽어도 보았습니다. 아이는 여전히 힘들어했어요. 아이 입장에서 보면 공부라고 느낄 수 있잖아요? 그래도 "남들도 다 읽는데 너도 해야지!" 이런 말을 하지 않고, 세상에 재미난 책이 이렇게 많은데, 나만 읽는 방법을 배우거나 연습하지 않아서 못 읽으면 누구 손해인지, 어른이 되었는데도 제대로 한글을 모르면 어떨지 상상해 보자고 했죠. 저는 지금 당장 해야 하는 일을 안 하면 미래에 어떤 일이 초래될 수도 있을지 상상해 보자는 말을 자주 하는 편입니다.

영어 역시 비슷하게 접근했어요. 왜 영어를 배워야 하냐고 저희 아이들도 수없이 물어보았죠. 많은 말들이 오고 갔지만 기억나는 대화는 바로 이거예요.

"해외 여행을 갔는데 나만 영어를 몰라서 원하는 장소에도 못 가고, 먹고 싶은 음식도 주문 못 하면 어떻게 하지?"

이렇게 말하면 보통 "나는 해외 여행 안 갈 거예요"라는 대답이 돌아오기도 해요. 그래서 이런 이야기도 덧붙입니다. 한국의 길거리에 쏟아지는 영어 간판들을 가리키며 "엄마는 읽을 줄 알고, 학생 때 마땅히 해야 하는 공부를 하면 다 알 수 있는 걸 너만 모르면 어떻게 하지? 어른이 되어 친구와의 약속 장소가 영어 이름이라 나만 그 장소를 갈 수 없다면? 발음조차 할 줄 모른다면 어떨 것 같아?"

학교 시험을 잘 보느냐, 못 보는 것으로 끝나는 것이 아니라 생활 속에서 창피한 일이 발생할 수 있다며 조금 더 과장해 말한 적이 있어요. 사실 옷, 가방 브랜드 이름이 외래어로 되어있어 못 읽을 때가 종종 있잖아요. 저도 디저트 카페에 걸린 간판을 읽을 줄 몰라서 당황한 적이 있어요. 카페 이름은 로마자 알파벳이었지만, 프랑스어여서 발음을 물었던 기억이 나요. 그 기억을 회상하며 아이에게 제 경험을 들려주기도 했어요.

초등 시기에는 그저 초등학생으로서 꼭 배워야 하는 걸 배우는 거라고 가볍게 말해줘도 괜찮습니다. 지금은 그저 상식을 배우는 것이라고요. 공부하는 시간은 저녁보다는 아침이

낫다는 여러 가지 이유를 아이에게 설명해 줬어요. 그제야 아이 역시 차라리 아침에 공부해야겠다는 결론을 스스로 내리고 받아들이게 된 것 같아요. 그렇게 시작한 것이 아침 공부였어요.

중학생 정도가 되면 더 이상 원초적인 질문을 하지 않으니, 초등 시기에 충분히, 공들여 대화를 나누시길 당부드려요. 아이들은 다양한 책과 인물, 멘토와 부모의 말과 행동을 통해 피부로 느끼고 인지하는 것 같아요. 다만 해야 하는 것을 아는 것과 실제 실천하는 것의 차이가 있을 뿐이지요.

시간이 걸리더라고 아이가 스스로 결심을 할 수 있게 사전 대화를 해주세요.

MISSION 1주 차, 시동 걸기 주간

- 시동 걸기 주간에 아이와 나눌 대화의 주제를 생각해 보고 목표와 가상 스케줄 짜는 것을 도와주세요. 본문에서 소개하는 아침 공부 1~3단계에 해당합니다.
- 대화 전에 미리 논의할 내용을 먼저 정리해 보고, 아이와 대화 후 결과도 적어보세요.
- 대화를 나누니 아이의 생각은 어떤 것 같나요? 목표를 세우거나 스케줄을 짜는 데에 어려움은 없었나요? 우리 아이는 어떤 도움이 필요한가요? 개선해야 하는 점은 무엇인가요?
- 목표 설정은 부모의 목표가 아닌 '아이의 목표'를 설정할 수 있게 도와주세요.

2단계, 진짜 공부 경험을 위한 목표 세우기

다음 단계는 아이의 목표 세우기입니다. 무엇을 잘하고 싶은지, 뭘 좋아하는지 파악할 수 있는 대화를 이끌어냅니다. 잘하려면 지금 당장 무엇을 준비해야 하는지를 파악해야 해요. 아이는 자신의 마음이 어떤지 잘 모를 때가 많아요. 청개구리처럼 반대로 이야기할 때도 종종 있죠. 그래서 아이가 원하는 목표를 모르거나 정확히 설정하지 못하는 건 당연해요. 대부분 이런 걸 생각해 본 적이 없을 테니까요. 이때 가상놀이pretend play 하듯 상상력을 자극했어요. 미래 상황에 대한 시뮬레이션이라고 생각해도 좋습니다. 가상의 상황을 설정하고 이 상황에서 어떤 행동을 할지, 어떤 생각을 할지 이야기를 나누는 거예요. 물론 상상과 실제는 다를 수 있지만, 생각해 보는 과정 자체에 좀 더 의미를 두었습니다. 그러며 하나 둘 목표를 세워봤어요.

저는 아이와 목표한 바를 이루었을 때, 발전한 내 모습 상상하기를 자주 했습니다. 예를 들어 학교에서 받아쓰기 시험을 본다고 가정해 보아요. 부모가 재촉하거나 만점 받기를 요구하지만 않는다면, 아이들은 잘하고 싶어 하는 마음을 표현할 거예요. '어떻게 하면 시험을 잘 볼 수 있을까?'라는 질문을 던지면, 아이들은 다양한 답 속에서 바른 방향을 찾아냅니다. 이때 부모가 첨삭하듯 생각 공유를 해보세요. 수업시간에 좀 더 귀 쫑긋하며 듣기, 단어 자주 떠올리기, 써보기, 집에서 연습하기, 시험 보기 전날 시범적으로 시험 봐보기 등등이요.

맞춤법, 띄어쓰기 공부를 했다고 가정했을 때, 1학년에는 어려운 단어를 2학년 때는 척척 쓸 수 있다는 것을 상상해 보는 것도 큰 도움이 돼요. 받아쓰기 만점을 받았을 때 어떤 기분이 드는지를요. 이때는 결과보단 과정의 중요성을 언급하는 게 중요합니다.

아이가 소소한 성공을 맛보고, 이런 경험이 하나둘 쌓이면 스스로 공부하려는 의지가 생겨납니다. 시키지 않아도 공부하는 아이는 이렇게 탄생이 되는 것 같아요. 처음부터 시험 결과가 좋지 않더라도 차수가 늘어나며 쌓이는 성공 경험이 아이의 긍정적인 공부 정서를 갖게 하는 거예요.

"아~ 연습하니 나도 잘할 수 있구나! 시험 보기 전날에 한 번 연습했을 때는 80점이었는데, 시험 보기 전날과 아침에 두 번 연습하니 100점을 받았구나! 열심히 노력하니 나도 잘할 수 있구나!"

물론 반대 경험 역시 매우 소중하답니다. '스스로 노력하지 않으면 안 되는구나!' 이런 경험도 정말 소중해요. 아이가 현재 잘 못한다고 너무 쉽게 사교육에 도움을 요청하는 건 추천하지 않아요. 초등학생 시기에는 스스로 무언가를 알아내는 힘, 즉 생각하는 힘을 충분히 키워야 합니다. 자신만의 노력 없이 처음부터 남이 쉽게 떠먹여 주는 방식의 공부에 젖어 있으면 결국 스스로 생각하는 연습을 할 수가 없어요. 남에게 의존하는 경험 수치만 높아지죠. '나는 수학을 못 하니까 학원의 도움이 필요하구나! 나는 스스로 잘할 수가 없구나'라는 생각에 자존감도 떨어질 수 있어요.

학년이 올라갈수록 오히려 더 문제가 되기도 합니다. 초등학생 때엔 공부를 잘했는데 중·고등학생이 되었을 때 학업 성적이 안 좋은 경우가 빈번히 발생해요. 이는 진짜 공부를 해본 적이 없어서라고 생각해요. 초등학생 때의 진짜 공부는 시험에서 만점을 받는다거나 선행을 나가는 것이 아니에요. 나에 대해 알아가기, 학습 습관 잡기, 스케줄 짜기, 관리하기, 스스로 알아내려 치열하게 고민하기 등을 경험해 보는 거예요. 공부 습관을 아침 시간으로 잡았고, 매일 꾸준히 하며 현행도 선행도, 저절로 잘 되는 경험을 쌓는 게 중요합니다.

진짜 공부 경험이 없다면 반쪽짜리 공부를 한 거나 마찬가지예요. 아이주도학습 습관은 잡아주시되, 부모가 일일이 간섭하고 가르치지 마세요. 아이 스스로 할 수 있게 도와주시되, 궁금증을 함께 알아가는 방향으로 잡으세요. 부모가 학습 속도와 난이도가 적당한지 코치해 준다면 금상첨화입니다. 꾸준히 지속할 수 있게 용기와 격려, 칭찬과 보상을 적재적소에 해준다면 아이는 무한 발전하게 될 거예요.

목표 잡는 법

첫 목표는 아주 간단하게 잡습니다. 아이들이 흔히 기분에 휩쓸려 엄청 많은 양의 공부를 하겠노라 말할 수도 있어요. 그럴 땐 줄여주는 현명함을 발휘해 주시고, 아이의 포부가 상대적으로 너무 적다면 천천히 늘려주세요.

첫째 아이의 목표는 영어, 수학을 아침마다 보는 거였어요. 그러다 점점 과목이 늘어났죠. 일단 교재 위주로 계획을 짰어요. 성취한 결과를 바루바로 볼 수 있어서이기도 했고, 아이가 원했던 목표였어요. 초등학교 2학년 때, 유일한 숙제였던 수학 문제집 풀기를 실패한 경험이 있었어요. 학습 계획도 없이 꾸준히 풀지 않아 숙제 검사 날이 다가왔을 때 매번 곤욕을 치렀어요. '무슨 수학 문제집 한 권 풀기가 숙제야?' 하며 투덜대던 시기가 있었답니다. 특히 저에게 엄청난 부담을 안겨준 숙제였거든요. 아이의 숙제가 곧 엄마 숙제였으니까요. 과정은 참담했습니다. 숙제 검사 요일이 다가오면 아이와 싸우기 일쑤였거든요. 정말 꾸역꾸역 대충해서 제출했었어요. 그래서였을까요? 아이는 '초3 수학 문제집 제대로 한 권 끝내기'라는 목표를 세우더라고요.

영어는 제 욕심이 좀 있었어요. 영어권 환경을 가정에서 만들어 주고 싶었거든요. 수학은 아이가 잘하고 싶어 했고요. 지금도 영어보다는 수학을 더 좋아합니다. '잘하는 것과 좋아하는 것의 차이가 이런 것이구나'를 느끼는 요즘입니다.

둘째 아이의 목표는 수학 천재가 되는 겁니다. 이미 자신은 수학 천재라고 생각해요. 어디서 나오는 자신감인지는 모르겠지만 진심으로 그리 믿는 것 같아 종종 놀랄 때가 있어요. 아이의 수준은 지극히 평범한 초등학교 1학년 그 수준이니 오해는 마세요. 그런 아이에게 저는 '진짜 수학 천재가 되려면 우리는 뭘 노력해야 하지?'라는 대화를 건네요. 대화의 결론은 아침마다 수학 관련 활동을 하는 거였어요.

수학과 관련된 보드게임을 할 때도 그 노력에 칭찬했어요. '수학은 이토록 재밌구나'를 게임과 아침 공부를 통해 경험하고 있습니다.

아이가 잘하고 싶은 것이 무엇인지를 토대로 목표를 잡고 시작하면 돼요. 아이가 재밌어하고 좋아하는 걸 더 잘하게끔 노력하는 과정을 경험하게 해주는 것이 중요합니다.

● MISSION ● **2주 차, 시범 주간**

- 1주간 실천한 가상 스케줄이 괜찮은지 체크해 보세요. 이때 아이의 공부 스타일을 발견할 수 있습니다. 문제가 있다면 선호도를 반영하여 다시 짜보세요.

3단계, 가상 스케줄 짜기

저는 일찍 일어나는 데 큰 의미를 두었고, 아이들의 행동 자체만으로도 칭찬을 많이 했습니다. 이왕 일어났으니 목표한 바를 하나둘 이루기 위해 학습을 했어요. 하고 싶은 공부 계획을 세워보는데, 처음에 세운 스케줄은 변경될 수밖에 없으니, 가상 스케줄이라 여기고 대략 짜라고 알려주었어요. 완벽한 스케줄은 없다는 점도 충분히 설명해 주었고요.

스케줄을 짜기 위해서는 아이의 하루일과를 먼저 파악해야 합니다. 일어나서 등교 전까지 얼마나 시간 확보를 할 수 있는지, 학교에 다녀와서 저녁 먹기 전과 후에 어느 정도의 시간이 있는지요. 그리고 그 시간에 무엇을 하고 싶은지 세분화해서 지정합니다.

저희 아이는 방과 후에 예체능 활동을 많이 했어요. 농구, 수영, 피아노 등을 배우고 싶어 해서 귀가 시간이 늦었죠. 귀가 후 취침 전 확보할 수 있는 시간은 대략 2~3시간 정도였어요. 3~4학년 때는 그 시간에 놀거나 쉬고 싶어 해서 실제 학습적인 활동은 아침 시간밖에 없다는 결론을 내렸어요. 고학년이 되면서부터 공부량이 늘어나 저녁 시간도 활용했어요. 공부 시간과 독서 시간 확보를 먼저 하고 나서 스케줄을 디테일하게 짤수록 성공할 확률이 높아집니다.

스케줄 작성 시 주의할 점

스케줄 작성 시, 초보일수록 달성하지 못할 분량을 계획하고 실행에 옮기려다 지칩니다. 실제 공부해 보며 달성할 수 있는 분량을 파악하고, 예상보다 공부 시간이 더 필요하다거나 덜 필요한 과목, 추가했으면 하는 과목, 별로 하고 싶지 않은 과목 등을 살피며 파악해 봅니다.

또는 계획 세우기 자체를 어려워할 수도 있어요. 목표는 세웠지만 달성하기 위해 무엇부터 해야 할지 감이 없을 수 있거든요. 만약 아이의 목표가 독서라면 스케줄표에 책 제목을 기재하고, 독후 활동을 할지, 독후감을 작성할지를 논의합니다. 대략 책 두께는 어느 정도이니 완독하는 데에 어느 정도 기간이 걸릴 것인지를 예상하고 짜는 거죠. 기간은 살짝 넉넉하게 잡으세요. 저학년 아이들, 특히 1, 2학년은 책 두께가 두꺼운 책부터 상대적으로 얇은 그림책을 읽기 때문에 얇은 책이라면 권수로 지정해도 좋습니다. 독서기록장을 만들어 읽은 책의 제목을 날짜와 함께 기재해 나가는 것도 좋아요. 그러면 책 한 권을 읽는 데에 걸리는 시간을 짐작하고 리딩 패턴을 파악하기 좋습니다. 목표를 세우고 독서할 때와 즐기기용 독서할 때의 차이를 느끼는 것도 좋은 경험이 될 거예요. 저희 아이는 독서는 주로 취침 전에 하고 싶어 했고, 학습 활동은 아침을 선호했어요.

만일 목표가 학습이라면 교재 사용을 적극 권합니다. 교재를 선택할 때부터 아이와 상의하고 아이가 선택한 교재의 목차를 통해 배우게 될 내용과 기간 등을 예상해 봅니다. 하루에 몇 쪽을 풀겠다, 20분 동안 풀겠다, 일주일에 몇 번을 하겠다는 식으로 좀 더 구체적인 계획을 짤 수 있도록 스무고개 하듯 질문과 답을 통해 아이의 생각을 끌어내야 합니다.

저는 과목을 먼저 적고 그 아래 선택한 교재를 나열했어요. 그리고 분량 또는 시간을 할애했습니다.

스케줄 짜기는 실제로 해보지 않고 머리로 생각만 해서는 결코 알 수 없습니다. 4주간 아침 공부 루틴에서 가상 스케줄 조정 기간을 정하는 데엔 답이 없습니다. 한 번 정도만 수정하고 바로 제대로 된 스케줄로 학습할 수도 있고, 매일매일 수정이 필요할 수도 있죠. 2주일이나 지났음에도 여전히 수정이 필요할 수도 있습니다. 이건 아이마다 다를 수밖에 없어요. 얼마나 나에 대해 잘 알고 있는지, 시작부터 모두 다를 테니까요. 교재의 난이도 파악 역시 실제 해보지 않고는 모르고요. 시범 주간 동안 스케줄에 문제점이나 변경 사항을 파악하고, 3주 차 찐 공부 주간을 시작하기 전까지 구체적으로 스케줄을 조정합니다.

아이가 실제 작성했던 과목별 교재 목록

초등 5학년 2학기

수학: 만렙 PM 1-1 완료하기
AM 1-2

신사고 (하) 1-2
최상위 5-2

국어 세토 한국사
세토 독해

과학 장풍(백신) 1-2

영어 Reading Explorer 4
Great Writing 2완료 & 3시작
Wordly Wise 5
Story of the World #4 완료

Sub National Geographic
과학·수학동아

과과이·수수이 엄마 첨삭
비룡소 클래식
단행본

1주 차 시동 걸기 주간에 과목별 진행하고픈 교재를 분석하며 남긴 실제 기록입니다. 부모의 의견도 이때 제안하고요. 기록을 통해 다음으로 목표 설정과 가상 스케줄을 세웁니다.

• MISSION • 3주 차, 찐 공부 주간

- 수정된 스케줄로 진행해보며 아이가 느낀 점은 무엇인가요?
- 어떤 과목에 더 신경을 쓰고, 시간 할당을 해야 한다고 하던가요?
- 필요한 교재는 없나요? 불필요한 교재는요? 시간 배분은 잘 하고 있나요?
- 공부를 하며 아이가 느끼는 감정과 대화를 기록해 봅시다.

4단계, 스케줄 보완하고 실천하기

가상 스케줄을 보완하여 진짜 스케줄을 짭니다. 만약 가상 스케줄에 보완점이 없으면 그대로 실행합니다. 하지만 '20분 공부'라는 목표를 세웠는데, 공부 시간을 25분 정도로 늘리거나 15분으로 줄여야 할 수도 있으니 부모님이 잘 관찰하고, 아이에게 조언해 주어야 합니다.

예를 들어, 수학 문제집 한 권 풀기가 목표라고 가정해 볼게요. 문제집 목차의 단원과 페이지 수, 한 페이지에 있는 문제 문항 개수를 고려해서 하루에 공부할 분량을 잡아요. 이때 페이지 수 또는 시간, 혹은 둘 다 고려해 페이지 수와 시간을 함께 잡을 수 있어요. 저희는 처음에는 페이지 수가 아니라 시간으로만 잡았어요. 수학이란 과목은 이해가 중심이 되어야 하니, 문제 풀기에 급급해하지 말자는 마음으로 페이지 수보다는 시간을 할당했어요.

처음에는 10분, 20분으로 시작했고, 점점 시간을 늘려나갔어요. 시간 투자 대비 많은 양의 문제를 못 풀어내어도 믿어주었어요. 물론 때론 게으르게 멍하니 앉아 있을 때도 있죠. 속은 타지만 다그치지 않고, 아무것도 안 한 것보다는 나으니 노력한 태도를 칭찬했어요. 대신 비겁하게 열심히 안 했는데 한 척하지 말자, 떳떳하게 행동하자는 등의 대화를 나누었죠.

스케줄을 세우고 이대로 실행하면 다음 날부터 어떤 변화가 생길지 예측해 봅니다. 그러나 처음에는 큰 변화를 못 느껴요. 그렇지만 2주 차가 넘어가면서부터 아이 스스로 놀랄 정도로 변화를 느끼게 됩니다. '내가 언제 이 많은 문제를 풀었지?' 갑자기 수학에 자신감도 붙고, 조금 아는 것 같은 기분도 들면서 뿌듯함도 느낍니다.

저는 아이의 생각이 담긴 교재 목록을 기반으로 엑셀로 스케줄표를 만들어 줍니다. 여기엔 과목별로 투자하고 싶은 공부 시간도 기재하고요(242~243쪽 참고). 스케줄표와 체크리스트를 인쇄해서 각각 클립보드에 꼽아 활용합니다. 이 스케줄대로 며칠 공부하며 체크리스트에 실천 여부를 체크하고, 특이사항이 있다면 메모를 남기기도 합니다. 모든 부분을 저와 똑같이 하실 필요는 없고, 여러분은 각 가정과 아이의 상황에 맞게 필요한 부분을 정리하시면 될 것 같습니다. (체크리스트는 한빛라이프 자료실에서 내려받으실 수 있습니다.)

첫째 아이의 초등학교 3학년부터 6학년 때까지의 스케줄은 변화무쌍합니다. 수많은 방법으로 시도해볼 수 있는 시기가 바로 초등학생일 때입니다. 남이 세워주는 스케줄과 흐름으로 공부한 수동적인 아이와 스스로 계획을 세워 능동적으로 공부한 아이는 다를 수밖에 없습니다. 자기주도학습의 핵심은 스스로 학습의 주도권을 쥐고 목표를 설정하며 학습하는 과정입니다. 구체적이고 현실적인 나만의 스케줄을 만들어 가는 연습을 한다는 점에 중점을 두었습니다.

5학년 학기 스케줄

	월	화	수	목	금	토	일
아침	교수 (10)	교국 (10)	교수 (10)	교국 (10)	교수 (10)	교국 (10)	RE (40)
	교과 (10)	교사 (10)	교과 (10)	교사 (10)	교과 (10)	교사 (10)	MME (30)
	RE (40)	Math 6-2 (30)	RE (40)	Math 6-2 (30)	RE (40)	Math 6-2 (30)	MMM (30)
	MM (30)	Math 5-2 (30)	MM (30)	Math 5-2 (30)	MM (30)	Math 5-2 (30)	MMS (20)
	SS (20)	Math 5-1 (30)	SS (20)	Math 5-1 (30)	SS (20)	Math 5-1 (30)	WW (30)
	WW (10)	연산 (10)	WW (30)	1031 (30)	WW (30)	1031 (30)	
				연산 (10)		연산 (10)	
방과후		SW (30)	SLA (30)	SW (30)	SLA (30)	SLA (30)	SR (20)
		WW (30)	IR (30)	WW (30)	IR (30)	SR (20)	NE어원 (20)
		한자 (20)	한자 (20)	한자 (20)	한자 (20)	IR (40)	IR (40)
		일일어독 (20)	글쓰기 (30)	일일어독 (20)	글쓰기 (30)	M Writing (30)	글쓰기 (30)
						ENG (40)	Math (40)

학기 중에는 아침과 방과 후, 이렇게 2번에 나눠서 했어요. 한 타임에 하는 공부는 아이가 집중해서 공부할 수 있는 최대 시간을 고려해 2시간 미만으로 정했습니다.

5학년 방학 스케줄

	월	화	수	목	금	토	일
아침	뉴런 (60)	뉴런 (60)	뉴런 (60)	뉴런 (60)	뉴런 (60)	뉴런 (60)	뉴런 (60)
	블랙라벨 (60)	블랙라벨 (60)	블랙라벨 (60)	블랙라벨 (60)	블랙라벨 (60)	블랙라벨 (60)	블랙라벨 (60)
	과과이 수수이 (40)	과과이 수수이 (40)	과과이 수수이 (40)	과과이 수수이 (40)	과과이 수수이 (40)	과과이 수수이 (40)	과과이 수수이 (40)
오전	독해력 ERI (30)	빠작 (30)	독해력 ERI (30)	빠작 (30)	독해력 ERI (30)	빠작 (30)	빠작 (30)
	WW (30)	능률보카 (30)	WW (30)	능률보카 (30)	WW (30)		
	Dominoes (40)	Dominoes (40)	Dominoes (40)	OBL (40)	OBL (40)		
오후	Grammar for Great Writing (40)	Great Writing (40)	Grammar for Great Writing (40)	Great Writing (40)	Grammar for Great Writing (40)	Great Writing (40)	Grammar for Great Writing (40)
	한국사 편지 (40)	교과서_ 과학/사회 (40)	한국사 편지 (40)	교과서_ 과학/사회 (40)	한국사 편지 (40)	교과서_ 과학/사회 (40)	한국사 편지 (40)
독서	과학공화국/워크북	수탐과	비룡소 클래식	고전 4권	National Geo	영어원서	과독 / 수동

방학 기간에는 학기 중 공부에 한 타임을 더 추가했어요. 아침 공부는 계속 진행하고 학교나 학원에 가는 것처럼 오전, 오후 공부 타임을 넣었어요. 또 일부러 독서를 스케줄에 넣었습니다.

스케줄
작성 주기

스케줄 작성 주기는 교재 완료 여부에 따라 달라지곤 했는데, 평균적으로 3주에 1번은 새로 작성했던 것 같아요. 1달 주기로 해봤는데, 모든 과목의 교재 시작과 끝이 같지도 않고, 중간에 변경해야 하는 경우가 빈번하게 발생하더라고요. 변경된 교재나 도서를 적용한 스케줄과 체크리스트를 중간에 다시 만들기도 했어요.

아이마다 다르겠지만 저희 아이는 3, 4주 차에는 추심을 잃을 때가 많아지더군요. 그렇다고 2주마다 스케줄을 짜기엔 '스케줄 짜는 데 투자하는 시간' 역시 낭비가 될 수 있다고 생각했고요. 아이가 학습하는 과목, 이용하는 교재 개수, 투자하는 시간 등에 따라 다양한 경우의 수가 있을 거예요. 가장 좋은 건 아이와 상의 후 결정하는 겁니다.

초등 저학년 때는 완벽한 스케줄, 완벽한 공부, 훌륭한 성과를 추구하기보다 이 모든 과정이 진정한 공부라고 생각하며 진행하는 게 정말 중요합니다. 저도 당시에는 깨닫지 못했는데, 지난 시간을 돌이켜보니 그렇다는 것을 실감하는 중이에요. 이 모든 과정은 나에 대해 점점 알아가는 것이고, 개선점을 파악하고 경험을 쌓는 게 중요하거든요. 이런 과정은 본격적으로 학습 결과에 평가받는 중학생이 되기 전에, 상대적으로 더 자유로운 초등학생 때 해보는 것을 추천합니다.

MISSION 4주 차 습관 정립 주간

- 스케줄을 실행해 보니 어떤가요?
- 계획이 없을 때와 계획을 작성했을 때의 달성률이 어떻게 다른가요?
- 혹시 스케줄에 차질이 생겼던 경우가 있었나요?
- 문제는 무엇이었으며, 어떻게 개선했나요?

5단계, 스스로 평가해 보기

학습과 함께 꼭 해야 할 게 있습니다. 바로 자기 평가, 진단하기입니다. 이는 내적동기 부여에 도움을 줍니다. 내가 잘하는 것, 잘하고 싶은 것, 잘 못해서 개선하고 싶은 것을 파악하는 과정을 경험하는 거예요. 아이는 어릴수록 부모의 평가와 인정을 원합니다. 공부는 부모를 위해서가 아닌 본인을 위해서이기에, 남의 평가가 아닌 내가 나를 어떻게 생각하는지에 더 집중하라고 지도했어요. 뿌듯함과 자신감, 자신 효능감을 느끼는 데에 좋은 연료는 내가 나를 어떻게 생각하는지인데, 아무 생각 없이 실행할 경우에는 자기 평가를 하기가 어렵습니다. 특히 부모님이나 선생님이 하라고 하니까, 남들이 하니까 같은 이유로 영혼 없이 학습해 나갈 수 있거든요.

기록의 이유

아이에게 노력하는 과정과 결과를 통해 드는 감정과 생각을 기록해 보자고 했어요. 결과는 실행 여부에 관한 결과이지, 만점인지 50점인지의 시험 결과가 아니에요. 노력하는 데도 불구하고 성적이 높지 않다면, 무엇을 개선해야 하는지를 고민하는 시간을 가져야 합니다.

이때 중요하게 해야 하는 것은 바로 기록하기입니다. 나의 학습 과정에 대한 평가를 해야 문제점이나 개선점을 찾을 수 있는데, 평가를 제대로 하려면 그동안 학습한 진행 상황을 추적해야죠. 체크리스트로 달성 여부를 체크하는 것 역시 기록 중 하나입니다. 학습 목표에 대한 달성 여부뿐 아니라 리플렉션, 즉 반성할 수 있는 기회를 제공하려면 자신의 생각, 감정, 이해 수준 등을 기록해야 개선해나가는 방향성과 문제점, 자신의 실력을 파악할 수 있습니다.

첫째 아이 역시 나에게 맞는 스케줄 조정 주기를 2주로 할지, 3주 또는 4주로 할지에 대한 판단 역시, 모두 기록을 보며 상황을 인지한 뒤에 수정했습니다.

자신의 학습 경험을 문서화하면 미래에 비슷한 고민이나 새로운 분야에 도전할 때, 기록을 통해 이전의 경험을 참고할 수 있어요. 기록은 일기, 노트, 블로그, 체크리스트나 교재 빈 공간 노트 등 다양한 형태로 작성할 수 있습니다. 저희 아이는 체크리스트의 여백과 사용하는 교재 안에 빈 메모 페이지를 주로 활용했어요. 스스로 평가하는 시간을 수시로 갖고 개선점을 알아내는 과정을 통해 진정한 메타인지 능력 향상시킬 수 있습니다.

다른 이가 대신해 줄 수 없는, 본인만 해나갈 수 있는 자기주도학습은 계획과 실행, 그리고 스스로에 대한 평가와 피드백을 통해 나만의 학습 전략을 만들어 가는 것입니다. 이 과정을 통해 내적동기와 임파워먼트empowerment를 가지고 주체적이고 지속적인 자기계발을 해나갈 것입니다.

● MISSION ● 다시 시작하기

- [x] 1~4주 동안 아이 주도 하에 스케줄을 짜고 아침 공부를 해보았나요? 약 1달간 모닝 루틴을 실천하고 나면 나에게 알맞은 방식이 무엇인지 감이 왔을 거예요.
  이제 다시 1단계로 돌아가 아이와 대화하며 지속할 수 있을 만한 방법과 목표를 고민하고, 스케줄에 녹여보세요. 지금부터는 1~3단계에 들이는 시간이 예전보단 훨씬 줄어들 거예요.

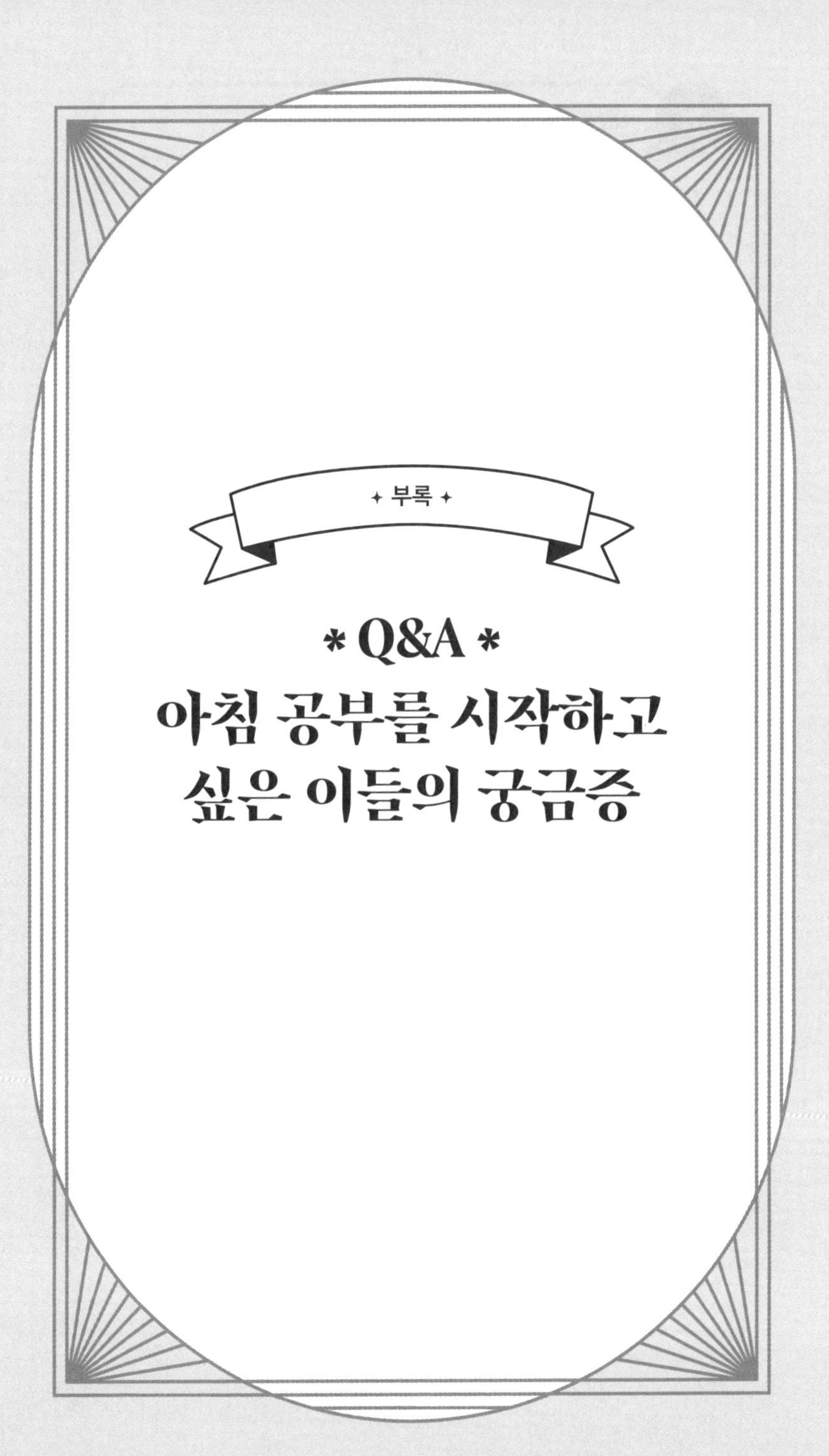

✦ 부록 ✦

* Q&A *
아침 공부를 시작하고 싶은 이들의 궁금증

둘째(7살)와도 첫째처럼 아침 시간을 잘 활용하려 노력하고 있어요. 상대적으로 둘째는 첫째보다 더 일찍, 유치원에 다닐 때부터 조금씩 실천했어요. 둘째는 가족 구성원 모두 아침 시간을 효율적으로 활용하는 모습을 아기 때부터 봐서 그런지 당연하게 받아들이는 것 같아요. 자신도 오빠처럼, 어엿한 나이가 되어 아침 시간을 잘 활용한다는 자부심이 엄청 크답니다.

아침 시간을 확보함으로써 그 시간에 무언가 건설적인 활동을 한다는 것 자체가 주는 큰 장점이 있어요. 아이는 아이대로 자부심과 자기만족으로 긍정적으로 발전해 나가고요, 더불어 평온한 가정 분위기가 아침부터 형성됩니다.

2023년 3월, 둘째가 초등학교에 입학했는데, 일단 등교 전쟁은 없어요. 촉박함이나 언성을 높일 일이 없거든요. 아이는 반갑게 아침을 맞이하고 여유 부리며 준비하기에 부모도 아이도 기분 좋은 아침 시간을 보낼 수 있어요. 주말에도 동일하고요. 이 모든 건 아침 시간을 확보했기 때문에 가능하다고 믿어요. 아이도 저도 아침 공부를 통해 알차게 하루를 시작했다는 성취감을 느끼고, 이를 통해 온종일 기분이 좋다는 경험을 쌓으며 습관으로 만들어 가고 있어요. 방과 후 어떤 일이 벌어질지, 어떤 변수가 발생할지 모르지만 아침 시간에 일단 해야 할 일, 하고픈 일을 해냈기 때문에 오후에 어떤 스케줄 변화가 있더라도 조바심이나 걱정할 일이 없죠.

마음의 여유를 일찍이 경험했기 때문일까요, 첫째도, 둘째도 자발적으로 여전히 아침 황금 시간을 활용하려 노력하는 것 같아요.

종종 아침 공부를 적용하기 좋은 적절한 나이를 두고 고민하시는 분들을 만나요. 저는 나이 상관없이 누구에게나 적용이 되는 것 같아요. 물론 전제조건은 아이가 잠을 충분히 자야 한다는 것입니다. 밤에 하는 모든 활동을 아침 시간으로 옮겨주는 것이라고 가볍게 생각하셔도 좋아요. 적어도 늦잠으로 인해 등교 자체를 힘들어하는 것은 방지할 수 있어요. 어린이집이든, 유치원이든, 초등학교이든 중고등학교이든요. 학습 활동은 둘째치고 학교생활은 해야 하잖아요.

일단 생활 습관이 일찍 자고 일찍 일어나는 어린이라면 아침 시간에 뭘 하고 갈지 내용만 정하면 되기에 이미 수월한 시작을 한 거예요. 저희 둘째처럼요. 초등학교 1학년 아이도 아침에 공부하고 뿌듯한 마음으로 등교한답니다. 독자분들도 아이들과 일찍 일어나는 습관, 더 나아가 건설적인 활동을 하는 가족 문화를 형성해 나아가길 바랍니다.

Q2 아침 공부를 시작하기 어려워하는 아이에게 어떤 말을 해줘야 할까요?

아이가 어릴 때는 '왜 일찍 자야 하는지'에 대해 많은 대화를 나눴어요. 제 답은 매우 단순했어요. 키가 커야 하니까. 그 시간 동안 깊숙이 잠들어 있어야 성장호르몬도 나오니까. 물론 요즘은 해당 연령 아이에게 맞는 시간만큼 잠을 깊이 잘 때 성장호르몬이 나온다는 것이 학계에서 통용된다고 합니다. 미국 수면재단이 권장하는 적정 수면 시간은 6~12세는 9~12시간, 13~18세는 8~10시간, 성인은 7~9시간입니다. 아이에겐 단순하고 이해하기 쉬운 이유를 제시했어요. 키가 크고 싶으면 일찍 자야 한다고요. 아이들은 대부분 키가 크길 바라니까요.

아이들이 언제 피곤해하고, 어느 정도 자야 상쾌하게 일어나는지 체크해 봤습니다. 그 결과 저희 첫째 아이의 적정 수면 시간은 10시간 정도였고, 8시경에 잠이 들어 다음 날 아침 6시에 일어나야 좋은 컨디션을 유지할 수 있다는 것을 파악했어요. 저는 8시간 숙면을 취하면 충분하다고 여겨, 저녁 9시에 잠들어 다음날 5시에 기상하는 스케줄로 실행했습니다. 일반 사람들에게 매일 아침 5시에 기상한다고 하면 놀랄 수도 있어요. 하지만 전날 저녁 8시나 9시에 잠이 들어 매일 밤 8시간의 충분한 수면 시간을 확보하는 스케줄이라면 누구나 실행할 수 있다고 생각해요. 개인이 느끼는 수면 시간이 9시간이라 하더라도 아침 6시 기상은 할 수 있을 테니까요.

Q3 아이를 아무리 깨워도 잘 못 일어나요. 어떻게 하지요?

저는 처음부터 깨우지 않았어요. 대신 일찍 잠들게 했죠. 밤에 잠이 안 온다고 하면 온종일 활동을 하게 했어요. 운동량을 2~3배로 늘리는 거죠. 놀이공원에서 돌아오는 길에는 아이들이 졸려하잖아요. 평상시에 낮잠이나 일찍 인 자는 아이라 해도 피곤함 앞에서는 어쩔 수 없어요. 활동량을 될 수 있는 대로 늘려 피로감을 느끼게 하면 평소보다는 일찍 잠이 들 거예요. 12

시간 이상 자는 아이들은 드물지요? 8시에 취침을 하면 기본 6시, 7시에는 일어날 가능성이 매우 높습니다.

엄마는 아이를 깨우는 사람이 아니라고 처음부터 쐐기를 박았어요. 12년 동안 등교해야 하는 아이들인데, 아침마다 전쟁 치르지 않으려면 초반에 습관을 잘 잡아야 해요. 지금도 아이가 아프거나 하는 특별한 상황이 아니면 항상 스스로 일어납니다. 첫째, 둘째 모두요. 스스로 기상하는 습관은 버릇을 어떻게 들이느냐에 따라 달라집니다.

Q4 '다른 집 아이는 다 알아서 잘하는 것 같은데 우리 아이는 왜 이럴까?'라는 생각에 괴로워요

물론 압니다. 아이들이 공부도 자발적으로 하고, 뭐든 잘하고 싶어 하는 마음이 충만해서 스스로 해내는 아이이길 바라는 그 마음이요.

세상 어딘가에 그런 아이가 있을 수 있겠지만, 그 아이는 우리 집 아이가 아니라고 미리 마음을 접고, 일찌감치 노력형 부모와 자녀 콘셉트를 잡으세요. 저는 그렇게 했어요. 세상에는 공짜가 없다는 신념으로, 부모가 아무리 잘 이끌어도 따라와주지 않을 수도 있다는 가정을 계속해야 아이에게 무리한 요구나 기대를 안 할 수 있을지 모르겠습니다. 부모는 아이 뒤에서 바라봐주며 조금의 인생 경험을 나누어 주고, 조언을 해주는 것만이 할 수 있는 일이라고 생각을 계속했어요.

아이가 처음 걸음마 연습할 때를 기억하시나요? 물론 아이가 스스로 결국 걸어야 하죠. 부모가 대신 걸어줄 수 없습니다. 불가능하니까요. 하지만 아이가 덜 다칠 수 있도록 바닥에 뾰족한 장난감을 한 곳으로 치워준다거나 각진 테이블 모서리에 안전장치를 끼는 방식으로 아이를 돌봐줍니다.

바른 학습 습관을 잡는 것 역시 비슷합니다. 진정한 공부는 어떻게 하는 것인지를 처음 걸음마 하듯 바르게 가르치고 실천해 보는 것이지요. 아이들이 걷기 연습을 하다 보면, 예를 들어 주방은 위험하니 들어가지 말라고 해도 자꾸 들어갑니다. 안전하게 걸음마를 배울 수 있도록 설득도 하고 혼내기도 하며 여러 장치를 이용해서 안전 구역을 만들 수도 있고요. 저희는 2리터 생수통 팩을 여러 개 사서 부엌에 들어가는 입구를 막은 적이 있어요.

공부하는 방법, 학습 습관을 잡는 것도 비슷하다는 생각이 들었어요. 부모가 바른 규칙을 세워서 모두가 실천하는 거죠. 일찍 자고 일찍 일어나는 것, 일어나서 이부자리를 정리하는 것, 바른 자세로 책 읽기나 공부할 때 스마트폰을 근처에 두지 않기 등 기본적인 가이드를 주고 실천하게 지도하는 것이요.

저학년은 아직 부모의 말을 듣는 시기라고 생각했는데, 주변을 살펴보니 싫은 건 절대로 안 하는 다소 고집 센 아이에게 부모가 종종 끌려다니는 모습을 목격하기도 합니다. 아이들의 생각을 존중해 주는 것도 중요하지만, 때로는 부모가 균형 잡힌 훈육을 보여줘야 할 때도 있습니다. 처음부터 협상이 되는 주제가 있고, 협상이 불가한 주제가 있다고 생각해요. 오늘은 소고기를 먹을까, 돼지고기를 먹을까란 선택지는 줄 수 있어요. 하지만 일찍 일어나서 학습하고 등교하는 것에는 선택지를 주지 않습니다. 기본값인 거예요. 대화 내용은 그걸 선택하라는 것이 아닙니다. 손을 왜 씻어야 하는지에 대한 대화에는 손을 씻을까, 말까는 없어요. 당연히 해야 하는 건데, 왜 이것이 당연한지에 대해 부연 설명을 하는 대화를 이끌고, 아이가 제대로 숙지했는지, 아이의 생각을 들어보는 것이 대화이지요. 이 닦기, 손 씻기처럼 부모님이 어려서부터 학습을 잡아주면 언젠가 스스로 독립하는 그날이 반드시 온다고 믿어요. 아이가 배워야 할 때 잘 배우지 않겠다고 해서 내버려두는 일은 마치 유아기에 위험이 가득한 부엌으로 들어가는 것을 방치하는 것과 비슷하다고 생각하며 훈육했어요. 아이가 성장하면서 마땅히 해야 하는 기본 생활 규칙을 알려주는 것처럼 책가방을 스스로 챙기고 당연히 아침 공부 후 등교하게 훈육하면 정말 그렇게 됩니다.

Q5 공부량을 늘리고 싶은 부모 vs 지금도 충분하다고 생각하는 아이의 마음

공부량 늘리기는 정말 어려운 문제인 것 같아요. 하나의 학문을 배우는 데에는 절대적인 공부량이 필요하죠. 그걸 알기에 아이를 설득하고 회유하려는 건데, 본인의 의지가 없을 땐 더 답답한 마음이 듭니다.

마법 같은 비법은 아니지만 저희 가정에서 공부량을 늘렸던 방법을 소개할게요. 제가 '소통'의 중요성에 대해 거듭해서 언급했잖아요. '또 이 이야기인가요?'라고 생각하실 수 있는데요, 결국 아이의 마음이 움직여야 가능해서 스스로 깨닫게 하려고 양질의 대화 시간에 공들였어요. 노력해야 잘할 수 있다는 걸 느끼게 해주고 싶어 다양한 운동과 악기도 가르쳤고요.

끊임없이 질문을 던졌어요. 그냥 공부시킨 것이 아니라 "왜?" 라는 질문이 뭘 하든 따라다녔죠. 왜 수학 선행을 해야 한다고 할까? 왜 영어 단어를 암기해야 할까? 독서는 왜 중요할까? 글쓰기를 하면 뭐가 좋지? 사람들은 역사, 특히 한국사를 왜 알아야 한다고 말할까? 한자는? 나의 꿈이 무엇이고, 그 꿈을 이루기 위해 우리는 지금 무엇을, 왜 해야 하는지 등 본문에서도 언급한 이러한 대화를 정말 많이 했어요.

아이도 이미 알고 있을 거예요. 말로는 이 정도면 충분하다고 하지만, 그냥 지금 당장 하기가 싫은 것뿐이란 걸요. 당장 힘들고 귀찮으니까 하기가 싫은 거죠. 어쩌면 지금 안 해도 무슨 큰 일이 일어나는 게 아니니까 그럴 수도 있고요. 어리면 어릴수록요. 본인을 위한 공부가 아닌 남이 시켜서, 부모를 위해서 한다는 생각이 조금이라도 있으면 더 하기 싫을 수 있어요. 그래서 우리는 같은 편인 것을 확실히 전했고, 부모를 위함이 절대 아님을 꾸준히 증명했어요. 그러기 위해선 말뿐 아니라 행동으로도 보여줘야 해요. 2장 '아이와 함께하면 좋은 활동들'을 통해 유대감과 신뢰를 먼저 쌓았어요. 믿음에 기반을 두지 않은 채 공부량만 늘리려 회유하면, 하기 싫은 것을 자꾸 시키는 부모의 행동이 부당하다고 여기며 적개심을 품을 수 있거든요.

저는 책과 교재를 적극적으로 활용했어요. 교재를 구매하기 전에 반드시 동의를 얻었고, 교재 선택은 아이가 했어요. 물론 부모의 추천을 통해 선택지를 줄였지만, 일부러 아이에게 선택할 수 있도록 다양한 교재를 함께 검토했어요. 아이도 보는 눈이 생겨야 하니까요.

공부와 관련된 대화를 나눌 때, 무언가를 잘하기 위해선 노력과 연습의 중요성이 언급될 거예요. 아이가 잘하는 무언가에 빗대어 예시를 들면 아이의 깊은 생각을 들을 수 있어요. 저희는 피아노였어요. 연습과 노력 없이 훌륭한 연주는 있을 수 없거든요. 공부량처럼 절대적인 피아노 연습량이 존재하는 걸 경험했으니까요.

예를 들어 연산을 풀 때 안 틀리려면 어떻게 준비해야 하는가에 대해 대화를 한번 나누어 보세요. 아이는 긴장하지 말고 꼼꼼하게 숫자나 기호를 봐야 한다, 실수를 줄여야 한다, 급하게 다음 문제로 넘어가지 말아야 한다, 연습을 많이 해야 한다 등 명답을 말할 거예요. 그 이유는 이미 부모와 공부 방법에 관한 대화를 여러 번 나누었기 때문입니다. 만일 아이가 답을 잘 못 한다면 공부의 본질, 공부 방법에 관한 대화를 더 나눠야 합니다. 그러고 나서 다음 주제인 연습하려면 우리에게 무엇이 필요한지에 관한 대화로 자연스럽게 연결합니다. 결국 교재의 필요성이 언급되고 구매로 이어져서 공부 스케줄을 짤 때 아주 잠시라도 연산 문제집을 푸는 시간을 넣는 거죠. 많은 양 말고 조금씩 자주요. 한 번에 많이 하려고 하면, 저는 오히려 반대 의견을 냈어요. 하지 말라고 하면 더 하고픈 마음, 밀당을 한 셈이죠.

아이의 잘 하고 싶은 마음에 불을 지피는 방법을 꾸준히 모색하세요. 간접경험을 할 수 있는 공부 관련 자기 계발 서직의 도움도 받았습니다. 부모가 아이에게 해주고 싶은 말이 다 담겨 있으니까요.

마지막으로 부모가 제안하는 공부량이 적절한지 끊임없이 자문하세요. 공부량을 고려할 때 몰입한 시간의 양인지, 교재의 권수인지를요. 정말 아이의 말처럼 지금도 충분할 수 있거든요. 부모는 합리적인 공부량의 기준을 세워 외부에 휘둘리지 않는 교육을 해야 합니다.

Q6 아침 공부에 적합한 공부가 있을까요? 워밍업 정도의 학습이면 좋겠어요.

아침에 적합한 공부는 아이가 원하는 과목을 하는 게 가장 좋겠지요? 하지만 부모 입장에서 아이가 습관처럼 매일 했으면 하는 과목이 분명 있을 거예요. 어느 분은 수학, 영어일 수도 있고, 어느 분은 독서일 수도 있습니다. 그렇지만 부모의 생각을 강요하지 마세요. 아이와의 대화를 통해 이끌어내시길 추천합니다. 부모가 옳고, 아이가 틀리거나 반대의 경우가 있어서가 아니라, 서로의 생각을 공유하며 조율해 나갈 때 아침 공부를 지속할 수 있기 때문이에요. 예를 들면 아이가 수학을 하고 싶다가도, 영어 공부가 더 잘 되는 경험을 할 수도 있어요. 이는 계속 변할 수 있거든요.

저희 아이도 그랬어요. 처음엔 수학, 영어 순서로 하고 싶어 했어요. 그러다가 좀 더 구체적으로 수학 중에서도 선행을 먼저 하고 난 후, 현행을 하고 싶어 했어요. 처음엔 매일 수학과 영어를 반반 나누어 하다가, 나중에는 월·수·금·일은 수학, 화·목·토는 영어를 하더군요.

아침 시간에 가장 적합한 공부는 꾸준히 해야 하는 과목을 선정하는 게 바람직하다고 생각하지만, 결국 공부는 아이가 하는 것이기에 아이 의견이 가장 중요합니다. 코칭 개념으로 저는 수학과 영어를 제안했어요. 국어를 위해서는 간단하게 독해 관련 문제집을 활용했고, 저녁 시간에 독서를 통해 국어와 영어 노출을 했어요.

둘째도 수학, 영어를 주로 하고 있어요. 첫째와는 달리 둘째는 한글 읽기와 쓰기를 더 어려워해서 국어 공부도 아침 시간에 함께하고 있습니다. 둘째는 현재 수학을 가장 좋아해서, 아침 공부 시작은 항상 수학입니다. 아이가 좋아하는 것과 부족한 부분을 채워야 하는 과목을 중심으로 진행하시는 것을 추천합니다.

Q7 **엄마가 옆에 앉아 있길 싫어하는 아이는 어떻게 해야 하나요? 저학년이라 태도를 봐줘야 할 것 같은데, 아이는 엄마의 말을 잔소리라고 생각하는 것 같아요.**

만약 아이가 혼자 하고 싶어 하는 사춘기 구간에 들어간 아이라면 마음을 내려놓으시고 믿음과 존중을 표합니다. 하지만 아직 초등 저학년이나 중학년인데 벌써 엄마와 함께 앉아 있길 싫어하거나 혼자 있고 싶다고 한다면, 아이와의 관계를 점검하는 데 시간을 할애해 보시면 좋을 것 같아요.

그러기 위해 먼저 진솔한 대화를 나누어 보세요, 왜 아이가 싫다고 하는지를요. 대화의 장을 여는 시간은 아침 시간보다 저녁 시간을 추천드립니다. 특히 잠들기 전 도란도란 이야기를 나누면, 아이의 속마음을 더 잘 들을 수 있는 것 같아요. 여행을 가서도 좋지요. 근거리더라도요. 뭔가 아이의 학습과 멀어진 물리적인 공간이나 정신적 거리를 두고 허심탄회하게 이야기를 나누면 좀 더 유순한 결과에 도달하는 것 같아요.

저희 아이는 엄마가 옆에 앉아 있길 싫어한 적은 없지만, 아이가 푼 문제집 채점을 본인 앞에서 하지 말라고 이야기를 한 적이 있어요. 이유를 물었더니 엄마가 자신을 바로 앞에 두고 평가하는 기분이 들어 마음이 불안하다는 거예요. 처음엔 왜 그렇게 생각하느냐고 반박을 했지만, 빠르게 순응해 주었습니다. 아이의 마음과 기분이 그렇다면 그런 겁니다. 따질 필요도 이유도 없이, 존중해 주면 됩니다.

아이가 엄마와 함께 공부하면 마음이 불편하다고 느끼는 이유가 분명 있을 거예요. 이러한 진솔한 마음의 소리에 귀를 기울여주세요. 어쩌면 아이에게 글씨체, 자세 교정 등 잔소리를 해서 벗어나고 싶은 마음일 수 있어요. 경청하는 태도와 변화의 의지를 보인다면 아이는 다시 마음의 문을 열 거예요.

만일 아이가 이미 정말 싫다는 표현을 했다면, 저는 우선 아이의 의견을 존중한다는 표현을 하며 수긍할 거예요. 하지만 계속 아이와 함께 있고 싶다는 마음을 적극적으로 표현할 것 같아요. 마치 카페에서 데이트를 하듯, 케이크나 아이가 좋아하는 음료 등으로 회유해 볼 수 있어요.

아이와 진솔한 대화를 나눠보세요. 그 실타래를 풀 수 있는 사람은 아이와 부모밖에 없답니다.

Q8 **아이가 잘 하다가 하기 싫어하면 어떻게 동기부여를 해야 할까요? 아이 스스로 하겠다고 할 때까지 기다려야 할까요?**

공부에 동기부여를 할 수 있을까요? 내적 동기, 외적 동기에 대해 많이 거론되는데요. 처음에는 외적 동기로 시작을 하더라도 결국엔 내적 동기가 발동을 해야 고학년이 되어 자기주도학습이 이루어질 수 있습니다. 그러므로 사춘기 구간에 들어가기 전에 아침 공부의 중요성이나, 공부를 왜 해야 하는지 등의 대화를 충분히 나누셔야 해요. 습관처럼 몸에 이미 배게 하는 것도 좋고요. 너무나도 당연한 것을 하는 데도 힘들 수 있는데 왜 해야 하는지조차 마음에 와닿지 않으면, 수학 선행 진도가 어디까지 나갔느냐는 결코 중요하지 않습니다. 이때는 나의 내적 동기를 찾아야 해요. 내적 동기가 충분히 차고 넘쳐야 오랜 기간 동안 혼자와의 싸움일 수도 있는 공부를 할 수 있어요.

만일 아이가 아침 일찍 일어나는 걸 하기 싫어한다면, 몸을 사용하는 운동 시간을 늘려주세요. 에너지 소비를 많이 해서 빨리 피곤함을 느끼게 하면 일찍 잘들 수 있습니다. 일찍 자면, 일찍 일어날 수밖에 없어요.

공부가 하기 싫다고 한다면 아이와 공부에 대한 정의를 다시 내리는 대화를 또다시 시작하셔야 합니다. 공부는 꼭 교과서 암기하고, 책 읽고, 교재를 푸는 것만이 아니잖아요. 인생을 대하는 태도 역시 배워야 하는 것이지요. 학생이 공부 안 하고 달리 뭘 할 수 있는지 서로 논리적으로 대화를 해보세요. 기본 상식을 배우는 이 시기에 충분히 습득하지 못하고 성인이 되었을 때, 어떻게 될 것 같은지에 대해서요.

정말 중요한 점은 아이의 마음과 태도가 해이해졌을 때, 방관하면 안 됩니다. 아이가 어리다고 스스로 할 때까지 기다리는 것만이 답이 아니에요. 아이를 꾸준히 관찰하면서 당근과 채찍을 적절하게 주어야 합니다. 아이가 어릴 때는 학부모의 개입이 필요합니다. 아이가 자신의 일을 스스로 잘하고 있더라도 지속적으로 소통하는 시간을 마련해야 합니다. 부모는 공부시키는 사람이란 인식을 아이에게 심어 주는 대화가 아니라 아이의 꿈이 무엇이든 지지하고 격려한다는 믿음을 꼭 주셔야 해요. 어떤 꿈이든 기회가 왔을 때 쟁취할 수 있도록 기본 상식과 바른 태도를 가져야 한다는 걸 알려주어야 합니다.

초등 시기에 공부 정서와 습관이 잘 잡혀 있다면 진짜 공부를 할 시기에 비로소 깊이 있는 공부를 할 수 있습니다. 초등 시기에 하는 공부는 이를 위해 밑거름을 만드는 것이지요.

Q9 아침 시간이 늘 바쁜 맞벌이 가정을 위한 아침 시간 활용법이 있을까요?

맞벌이 가정의 일과 중 특히 아침 시간이 얼마나 바쁜지 충분히 압니다. 아이가 유치원생이면 아이가 어리다는 이유로, 초등학생이면 등교 시간이 워낙 늦다 보니 몸도 마음도 분주할 수 있고, 시간이 한없이 부족하다 생각할 수 있어요. 근무 환경에 따라 시간의 여유로움은 다르기에 일괄적인 대안을 내기는 어렵습니다.

제가 금융회사를 다니던 시절, 회사 출근을 새벽 7시 반까지 해야 했기에, 집에서 적어도 6시 40분 정도에 출발해야 했고, IT 회사에 다녔을 때엔 9시까지 출근이라 8시 20분쯤 집을 나선 적도 있습니다. 지금은 프리랜서라 상대적으로 시간을 마음대로 이용할 수 있어요. 4년전 모닝 루틴을 가진 이후부터 아이들은 글을 쓰거나 책을 읽는 엄마의 모습을 아침마다 봅니다. 아이들과 함께 학습하고 아이들이 등교한 후, 업무를 다시 시작하지요.

각 가정의 상황에 따라 다르겠지만, 적어도 집에서 8시에 출발해야 하는 가정이 있다고 가정해 보겠습니다. 아이 공부, 학교 갈 준비 등을 챙김과 동시에 출근 준비도 함께해야 하기에 더 분주하고 바쁠 수 있지요.

하지만 맞벌이 가정일지라도 아이들의 등교 시간은 정해져 있습니다. 그렇지요? 그 아이들도 학습 습관을 잡는 것은 중요하고요. 전략적으로라도 아침 시간에 책상에 앉아 있는 모습을 보여주세요. 그러면 아이들도 일어나자마자 보는 부모의 모습을 거울삼아 저절로 부모 앞에 앉게 됩니다. '공부해라!', '책상에 앉아라!' 따로 요구하지 않아도 될 정도로 매일 이 모습을 보여주세요. 오래 걸리지 않습니다. 초등 시기에 이러한 모습을 꾸준히 보여준다면 적어도 '원래 이런 생활을 하는 거구나!'를 보고 성장한 아이들은 다를 수밖에 없습니다.

바쁜 아침 시간, 효율적으로 시간을 사용할 수 있도록 배분하세요. 아이가 밥 먹는 데 걸리는 시간, 씻고 준비하는 데 걸리는 시간을 분 단위로 쪼개서 아이의 생활 패턴을 분석해 보고, 어느 지점에서 시간을 단축할 수 있는지를 파악하세요. 분주하게 준비해야 하는 부모님 역시 마찬가지입니다. 최대한 전날 준비를 하세요. 요리 역시 미리 소분해 놓거나, 샤워 역시 전날 하는 거죠. 일단 아침에 20~30분 책상에 앉을 수 있는 시간 확보를 위해 역산출을 하는 겁니다.

- 8시 집에서 출발
- 7시 40분 ~ 7시 55분까지 식사 완료(5분간 양치질, 신발 신기 등 시간 할애)
- 7시 5분 ~ 7시 40분 아침 공부
- 7시 ~ 7시 5분 씻기, 옷 입기, 가방 챙기기
- 7시 기상

이 스케줄의 전제 조건은 하루 전날 준비를 해놓는 것입니다. 옷을 고르고 가방 챙기기 같은 걸 전날 완료해 놓는 것이지요. 그러면 아침 시간 확보를 더 할 수 있습니다.

조금이라도 하는 것은 아무것도 안 하는 것보다 무조건 낫습니다. 맞벌이 가정 중 바르고 훌륭한 생활 습관과 태도를 가진 아이들을 무척 많이 봤습니다. 분명 보고 자란 환경이 큰 영향을 주었을 거예요. 조금씩 매일 실천하는 것이 아이의 생활 습관에 큰 파급 효과를 주니까요. 이 점을 우리는 명심해야 합니다.

우리 가족 아침 공부,

생각은 멈추고

일단 그냥 하세요.

지금부터 시작입니다!